La matemática en sus personajes

Colección dirigida por Antonio Pérez Sanz

Pascal

Un genio precoz

1ª edición: 2007

Imagen de cubierta: composición de Raquel Fraguas

Apartado de Correos 113. 28760 Tres Cantos
Tel.: 91 804 58 17 – Fax: 91 804 14 82
www.nivola.com
correo electrónico: contacto@nivola.com

ISBN: 978-84-96566-46-0
Depósito legal: M-42.428-2007
Impreso en España

Pascal

Un genio precoz

Félix García Merayo

33

La matemática en
sus personajes

nivola
L I B R O S
E D I C I O N E S

Índice

Esta es una dedicatoria oculta, inédita, secreta.
Así, cualquiera, y son muchos, se puede sentir incluido,
de este mundo o del otro.

Agradecimientos

A todos aquellos que me han animado y, en cierto modo, han ayudado a que este pequeño trabajo sea una realidad. En particular a Víctor, que me ha proporcionado información sobre el *genio*; especialmente a José Antonio, que además de sugerirme ideas me ha facilitado construcciones geométricas, todas incluidas en el texto, diseñadas y elaboradas con su buen *savoir-faire*. Sin olvidar a Mari Paz, por su ayuda con las herramientas que ella conoce bien.

Madrid, junio 2007 — Félix García Merayo

Presentación

Una de las biografías más moderna y, a la vez, más completa que hemos podido encontrar escrita en lengua castellana se debe a la pluma de Ana Jáuregui. La obra tiene, no obstante, varios años y la publicó, por primera vez, la Editorial Hernando. En 1990 se hizo una nueva edición de la misma a cargo de la también desaparecida Editorial Labor. En su introducción podemos leer lo siguiente:

> *"Es la de Pascal una vida en solitario vivida al mismo tiempo entre otras dos: en lo científico, desde su misma precocidad, formando desigual pareja con un padre funcionario de la recaudación y científico diletante, y en lo literario-religioso, en identidad coincidente y contrastada con su hermana Jacqueline, con la que coincide, además, en la enriquecedora experiencia de una salud precaria y doliente, y también en una celosa y hasta huraña defensa de una intimidad vivida igualmente en solitario..."*

Blaise Pascal es uno de los sabios prematuros que más nos ha atraído, nos ha subyugado; leídas las primeras páginas de cualquier estudio sobre su vida y su obra resulta ya difícil abandonar el deseo de querer conocer y aprender cualquier detalle de los muchos que sus distintas facetas representan para cualquier persona que aprecie su psicología, su genio, su sabiduría, su ciencia. Todo se convierte en una pasión por conocer más y más de él, sobre todo aquello que pueda estar a nuestro alcance.

Entre los contemporáneos de Descartes, Desargues y Fermat, ninguno presentaba un genio tan natural para la ciencia y dotes tan sorprendentes como Blaise Pascal, aunque su reputación matemática se juzgue actualmente más sobre lo que él pudo hacer que sobre lo que realmente hizo, debido a que durante una parte considerable de su vida dedicó mucho de su tiempo a la filosofía y a la religión.

Continuando con testimonios contemporáneos sobre Pascal debidos a compatriotas suyos, traemos aquí los siguientes comentarios escritos por el profesor Dominique Descotes (Universidad Blaise Pascal en Clermont-Ferrand): "*... la personalidad de Pascal le ha valido partidarios fervientes y enemigos implacables. Su polivalencia hace también que, por ejemplo, Voltaire admire a Pascal como sabio, pero que le deteste como jansenista; Paul Valéry rinde homenaje al geómetra, pero detesta su retórica proselitista. Se imagina, incluso, su vida escindida en dos partes: la primera consagrada a las ciencias; la segunda, después de la noche mística del 23 de noviembre de 1654, a la investigación religiosa. Los Lumière consideraban a Pascal un sabio, pero, a la vez, y por su vertiente jansenista, era tenido por un fanático*".

A Jacques Attali debemos el estudio sobre la vida de Pascal más completo, profundo y contemporáneo. En la introducción ya se nos advierte que habrá que considerar a Pascal como un *genio*. De hecho, su libro lo titula, *Blaise Pascal ou le génie français*. Y sobre ese atributo redacta un breve pero interesante análisis.

La palabra *genio* la emplea, por primera vez, Rabelais en 1532 para definir talento y aptitudes, y teniendo en cuenta su etimología latina, *genius*, también la divinidad tutelar de cada uno de nosotros. Genio indica un ser sobrenatural y un hombre excepcional adornado de dotes muy particulares. Más tarde, Corneille utiliza la palabra en 1640 para describir la personalidad de cada nación emergente de la Europa de su tiempo. E incluso los azares del léxico la emparentan con *ingeniero*, significando la capacidad de producir. Pues bien, según Attali, desde todos esos puntos de vista y en todas las facetas, Pascal es un genio: para las matemáticas, la geometría, la física experimental, la mecánica, la ingeniería, para las probabilidades y las ciencias sociales. Pascal escribe páginas inmortales sobre la condición humana y sobre las relaciones entre la ciencia y la fe con la obsesión por descubrir y explicar las causas escondidas de la mezquindad humana.

Blaise Pascal (cortesía Library of Congress).

Nadie mejor que Pascal, que fue también un genio profético, supo comprender cuestiones del alma del hombre de su siglo e incluso de tiempos anteriores, y predecía las que se iban a plantear al hombre de los siglos siguientes: era consciente que la precariedad de la condición humana era la clave del comportamiento de las gentes; había previsto que el temor a la muerte empujaría a refugiarse en la distracción, en la indiferencia y en el individualismo.

Pascal fue un tipo muy diferente a su contemporáneo Descartes, que fue su gran adversario. Pascal fue gloria de la abadía de Port-Royal-des-Champs, mostrando una fe religiosa de extraordinaria profundidad e intensidad. Los dotes más selectos de pensador y escritor se unían en el raro genio que se reveló aún siendo un niño.

Sobre su genio profético, Zubiri, filósofo y uno de los traductores al español de los *Pensamientos*, nos dice:

> *"En cambio, ha sido Pascal uno de los raros hombres que han tenido una visión certera y precisa de la esencia del profetismo mesiánico, como han reconocido exégetas tan excepcionalmente autorizados como el padre Lagrange. [...] Pese a vaguedades e imprecisiones de detalle, hay en Pascal un hondo sentido de lo que es y debe ser el argumento profético".*

El entorno religioso y teológico tuvo una gran influencia en el carácter de Pascal, en su psicología y en la forma de conducirse por los caminos de la piedad, bien o mal entendida; ya lo hemos dicho: fue un genio en casi todas las facetas, un genio dedicado en profundidad a la cultura, tal como se estaba desarrollando en su tiempo, y a las ciencias, tanto físicas como matemáticas, además de practicar cierto género de ingeniería, pues Blaise Pascal también fue inventor. Sin duda, pasó algún tiempo en distracciones y disipaciones mundanas, como nos lo indica su hermana mayor al escribir, a su modo, una pequeña biografía sobre Pascal.

En *Historia Moderna* (Bennassar *et al.*), F. Lebrun afirma: *"La primera mitad del siglo XVII es de una importancia capital en la historia del pensamiento. [...] gracias a Galileo y a Descartes se funda la ciencia moderna, experimental y cuantitativa, de la que Copérnico no fue sino el genial precursor en el siglo precedente".* Y más adelante indica: *"Por su parte, cuatro grandes sabios franceses aportan contribuciones esenciales al establecimiento de las matemáticas modernas: Descartes; Blaise Pascal (1623-1662), una de las mayores inteligencias de su época; Gérard Desargues (1591-1662), antiguo oficial; Pierre de Fermat (1601-1655) [...]".* Como vemos, son muchos los autores, los biógrafos, los estudiosos, para los que Pascal es un sobresaliente de su época a pesar de tocarle vivir en un momento de la historia rico en sabios y en descubrimientos físicos, astronómicos y matemáticos.

El siglo de Pascal está caracterizado por la violencia, la guerra, los privilegios, el liderazgo de la gran y rica burguesía, siempre recelosa y muchas veces tratando de escalar hasta los lugares más altos de la nobleza, pero a la vez sumisa. Blaise Pascal es una consecuencia, un producto de esa época y de los días más críticos de su siglo. Era, nos lo dice Ana Jáuregui: *"lúcido, contradictorio, sensible y, sobre todo, incansable en la búsqueda y encuentro de la verdad".* En sus años finales tratará de encontrar la verdad absoluta: Dios.

1 La Francia de Pascal

El canciller es grave y va revestido de ornamentos
porque su puesto es falso;
y no el del rey: tiene fuerza, y no necesita imaginar.
Los jueces, médicos, etc., sólo tienen imaginación.

Pensamientos, Blaise Pascal

No tendría sentido abordar la biografía de un personaje sin enmarcar su vida en el entorno que le rodeó. En este caso, será necesario hablar de las condiciones socio políticas y religiosas que acompañan, más de una vez, a su familia, pequeños burgueses, y a él mismo.

Blaise Pascal nace en 1623 y su vida transcurre entre el nacimiento de La Fontaine en 1621 y el de Molière el año siguiente y la elección en 1663 del rey Sol como soberano francés. Entre esas fechas se suceden muchos acontecimientos políticos, sociales y religiosos cuyos protagonistas son, entre otros, Luis XIII, Richelieu, Mazarino, la Fronda, Luis XIV, Jansenio, Port-Royal, Descartes y un largo etcétera.

Comenzaremos entonces, analizando brevemente la historia de Francia desde la segunda mitad del siglo anterior XVI. En esa época reina en el país Enrique IV, algunas veces llamado *el Grande*, nacido en diciembre de 1553 y asesinado en París en 1610; también fue rey de Navarra con el nombre de Enrique III. Su padre Alberto era jefe de la casa menor de Borbón, a cuya muerte, en 1562, Enrique permaneció bajo la tutela de su madre Juana de Albret, reina de Navarra, calvinista convencida, que le proporcionó a su hijo maestros encargados de inculcarle estas doctrinas. En 1569 Enrique se convierte en jefe de los hugonotes y para reconciliar a católicos y protestantes se casa con Margarita de Valois.

Enrique IV de Francia
por Frans Pourbus el Joven.

La ceremonia de la boda atrajo a París a un gran número de hugonotes, aconteciendo la matanza de la *Noche de San Bartolomé,* de la que se salva Enrique por abjurar del calvinismo, no obstante quedar cautivo en la corte de París de la que puede huir en 1576 para de nuevo liderar el movimiento calvinista. Llega al trono francés después del regicidio de Enrique III en 1589. Sus creencias religiosas le creaban inconvenientes y para triunfar, de nuevo abjura del calvinismo y se hizo consagrar en Chartres en 1594.

Enrique IV hizo una serie de concesiones a los protestantes de Francia a través del edicto de Nantes en 1598, año en el que fallecía el rey Felipe II de España, con el deseo de que se mantuviera la paz en su país. En este sentido, leemos:

"Ahora que le place a Dios empezar a hacernos disfrutar de algún reposo, hemos considerado que no podemos emplearlo mejor

que dedicándonos a lo que pueda concernir a la gloria de su santo Nombre y servicio, y a procurar que pueda ser adorado e invocado por todos nuestros súbditos. Y si Él no ha querido que se haga esto bajo una sola forma de religión, por lo menos que se haga con la misma intención y con una regla tal que eso no produzca disturbios o tumultos entre ellos".

Durante muchos años mantuvo una actitud pacífica pero cuando los imperiales ocuparon Clèves y Juliers, se decidió por una intervención militar aliándose, para ello, con los protestantes alemanes. Murió asesinado en 1610. El día anterior a ocurrir este regicidio, y dado que su consorte estaba en campaña, su esposa María de Médicis consigue ser designada como regente.

Para tener una perspectiva, aunque sea somera, tal como nos impone esta obra, de cómo era y cómo se distribuía la hegemonía de Europa entre el siglo que finalizaba, el XVI, y el que comenzaba, es necesario advertir que, salvo estados de menor importancia, las dos grandes potencias eran la Casa de Francia y la de Austria. Frente a estos estados cristianos, y en el Oriente de Europa, se situaba el imperio otomano cuya amenaza fue constante para el cristianismo a lo largo de los años.

En el reinado de Enrique IV se suprime el cargo de primer ministro y el rey impone la obediencia de los gobernadores de provincia y, aunque establece un régimen de tolerancia religiosa, en 1594 tiene lugar la primera expulsión de los jesuitas, a la que contribuiría Antoine Arnauld, *padre*, íntimo amigo del rey además de abogado general del Parlamento, consejero de estado y gran orador.

Cuando ocurre el asesinato de Enrique IV, el padre de Blaise Pascal, Étienne Pascal (1588-1654), que vivía en Clermont-Ferrand, compraba allí el oficio de *Consejero electo por el Rey para la Baja Auvernia*. Se trataba de un cargo parlamentario importante en el

La Guerra de los Treinta Años (1618-1648)

El pretexto inicial de la guerra de los Treinta Años se dio en 1618, en el reino de Bohemia, terreno abonado desde los tiempos de Huss para toda clase de herejías. Este reino dependía del rey Fernando de Estiria, católico y partidario de imponer la unidad religiosa a sus súbditos.

Con motivo de una asamblea protestante celebrada en Praga se exaltaron los ánimos contra la actuación de los ministros católicos Slawata y Martinitz que, refugiados en el castillo de la capital, vieron desbordadas las guardias por el tumulto; se les creía inspiradores de la política de Fernando y fueron arrojados al foso del castillo por una de las ventanas por mandato del conde Thurn. Este hecho se conoce con el nombre de Defenestración de Praga *y motivó la ruptura del rey Fernando con los protestantes, que nombraron rey a Federico V, elector del Palatinado y jefe de la* Unión Evangélica.

Lo que parecía un simple pleito interno de los checos se convirtió en una verdadera guerra civil alemana al ser proclamado el católico Fernando II de Habsgurgo como emperador de Alemania (1619-1637). Realmente, había sido un problema, aplazado desde los tiempos de Carlos V.

Las equilibradas fuerzas de los contendientes prolongaron en el tiempo la guerra y los triunfos obtenidos por el emperador alarmaron a las potencias europeas, que vieron con temor la posibilidad del nacimiento de una gran nación continental, unida y católica, en el mismo centro de Europa.

El carácter exclusivo alemán de la guerra se perdió pronto, apareciendo como una lucha del mundo protestante contra la idea del imperio católico. Finalizó siendo la guerra de Francia contra el predominio político de la Casa de Austria en sus dos ramas, alemana y española.

En una primera etapa el emperador contó con la ayuda de España y de la Santa Liga. La campaña fue corta y las tropas imperiales vencieron en la batalla de Montaña Blanca (1620), cerca de Praga, perdiendo sus territorios Federico V. Los últimos focos fueron reducidos por el general imperial Tilly, y más tarde los protestantes holandeses en Breda (1624) por Spínola.

En la segunda etapa, los príncipes protestantes pidieron ayuda al rey de Dinamarca, Cristian IV, pero el general imperial Wallenstein ocupó el norte de Alemania tras la victoria de Dessau. Más tarde la Paz de Lübeck marca el apogeo de Fernando II.

En el tercer período, el rey de Suecia, Gustavo Adolfo fue el nuevo caudillo del mundo protestante. Su primer choque con las tropas imperiales en Leipzig le proporcionó la mayor parte de Alemania. Tilly y Wallenstein fueron derrotados en Breitenfeld y Lützen, respectivamente. Más tarde, el nuevo triunfo del emperador llegó de la mano del infante don Fernando, hermano del rey de España, Felipe IV, y del general imperial Gallas, imponiéndose la paz de Praga.

Esa derrota sueca supuso el fracaso político protestante y el afianzamiento imperial y de la casa de Austria. El cardenal Richelieu, ministro del rey francés Luis XIII, era partidario del engrandecimiento de su país y del abatimiento de los Habsburgo. Por ello encabezó la coalición de Suecia, Holanda y Dinamarca contra España y el imperio. La guerra pasó a ser meramente política y ya no religiosa. A la muerte de Richelieu, su sucesor Mazarino prosigue con idéntico tesón las hostilidades. España fue derrotada en Rocroy (1643) y las tropas imperiales se replegaron hasta Viena una vez desaparecido Wallenstein. El emperador Fernando III (1637-1657) solicitó la paz de Westfalia en 1648.

ámbito regional. Se convertía así en un magistrado con conocimiento y autoridad en los contenciosos fiscales entre la administración real y los ciudadanos.

Nos parece apropiado comentar aquí la figura del mencionado Antoine Arnauld (1560-1619) por la influencia, no sólo histórica sino también religiosa, que pudo tener él y su familia en la vida de Pascal. Tuvo veinte hijos de los que únicamente sobrevivieron diez y, por lo tanto, con un patrimonio insuficiente para todos ellos. Por sus estrechas relaciones con la corte obtiene en 1599 el nombramiento para su hija Jacqueline (1591-1661), tercera entre sus hermanos y de solo ocho años en ese momento, del cargo de abadesa coadjutora en la abadía de Port-Royal, cargo que había quedado libre, tomando el nombre de *hermana Angélica*. Pocos años después, cuando contaba once, su padre miente al rey y al papa con el fin de que sea nombrada abadesa del mismo lugar. Había sido educada en el regalo y la frivolidad y solo quedó francamente transformada para el catolicismo cuando ya era abadesa, con un nuevo espíritu de rigor después de escuchar el sermón de un franciscano. La hermana Angélica tuvo, como veremos, una gran influencia en la vida de Pascal y de su hermana menor Jacqueline.

Como ya se ha dicho, la regencia por minoridad de su hijo Luis XIII (1601-1643) desde el asesinato de Enrique IV la desempeñó María de Médicis. Había nacido en Florencia en 1573. Era hija del gran duque de Toscana, Francisco II de Médicis, y había casado con el rey de Francia en 1600. Al contrario que lo hecho por su marido, su aproximación a España y a los católicos fue evidente aunque pasajera. Apartó del poder al duque de Sully, tomando el relevo el italiano y gentilhombre Concini (1575-1617). Poco antes de la mayoría de edad de Luis XIII, concretamente en 1614, el conde de Soissons induce a los príncipes de Guise, Nevers y Bouillon a revelarse contra la reina, contra su favorita Leonora Galigaï y contra el marido de ésta, Concino Concini, y convocan los Estados Generales.

En el año 1616, la reina y Concini nombran Secretario de Estado para la Guerra y Asuntos Extranjeros y gran maestre de la Navegación y del Comercio al obispo de Luçon, Richelieu (1585-1642), en aquel momento delegado del clero en los Estados Generales. Pero poco tarda en producirse una involución en esta situación política. El joven Luis XIII, que sucede a su padre en el trono en 1610, cuando solo contaba nueve años, es declarado mayor de edad en 1614. Pronto se enemista con Concini, al que hace asesinar en 1617 por un grupo dirigido por el duque de Luynes, al que convierte en su favorito. El duque promulga el exilio en el mismo año tanto para la madre del rey como para Richelieu, que parten para el castillo de Blois, localidad situada en el centro de Francia y a orillas del Loira.

Luis XIII casa con la española Ana de Austria (1601-1666), hija mayor de Felipe III, en 1615, aunque las diferencias de carácter y los consejos de Richelieu pronto motivan la separación de ambos. Pocos años antes de la muerte de Luis XIII la reconciliación fue un hecho. En 1638 nace Luis y dos años más tarde su hermano Felipe de Orleáns. Ana se encargó de la regencia durante la minoría de edad de Luis.

Richelieu, que había recibido el capelo cardenalicio de manos del papa Gregorio XV en 1622, es capaz de reconciliar a madre e hijo en 1624. Blaise Pascal tenía entonces un año. Y el 13 de agosto, Richelieu es nombrado Presidente del Consejo sustituyendo a Luynes que había sucumbido en la guerra contra los protestantes del Midi, convirtiéndose desde ese momento en el más fiel sostén del rey que no hacía mucho le había desterrado.

Dos son los objetivos predominantes que se propone desarrollar Richelieu durante su gobierno:

- En política exterior, dedicarse al fortalecimiento de la autoridad monárquica apoyándose en el centralismo y el absolutismo.

- En cuanto a la política exterior, establecimiento de la hegemonía francesa sobre Europa, impidiendo así la expansión de los Austrias, tanto de Viena como de Madrid.

Como veremos en su momento, la relación entre Richelieu y la familia Pascal, padre e hijos, llega a ser relativamente fluida y con frecuentes encuentros, bien por razones políticas o científicas del padre, bien por el cariño que toma a su hija menor; pero también existieron desavenencias y persecuciones, como la que se inicia en marzo de 1638, que impactaron en la vida profesional de Étienne Pascal.

Richelieu es un amante de la prensa, que utiliza para sus intereses propagandísticos y para controlar a la opinión pública, por lo que en la propia Corte mantenía un gabinete de prensa y propaganda. También, y con los mismos fines, en mayo de 1631 apoya la apertura del semanario de informaciones *La Gazette*, dirigido por un tal Théophraste Renaudot. Lo que ha de resaltarse en esta ocasión, y es importante, es que tanto ese periódico como otros más, todos ellos impresos por artesanos, servían de soporte a la extraordinaria proliferación intelectual tanto de sabios como de academias científicas. En París, donde se instala la familia Pascal a principios de 1631, existía una quincena de tales academias, dando ejemplo a Europa de cómo organizar la discusión de temas científicos, filosóficos y teológicos, así como la investigación en los mismos. Luis XIII, inducido por Richelieu, firma una carta en 1635 convirtiendo una de esas academias en la *Academia Francesa*.

En esta época el catolicismo en Francia está en pleno renacimiento. Se nos dice que los protestantes no pasaban del millón. La iglesia y el rey se alían para luchar contra ellos. Dos hombres encumbrados a los altares le confieren un lustre nuevo a ese cristianismo. Uno nacido en Sales de Saboya; otro en Pouy, región de Las Landas. Son respectivamente, san Francisco de Sales (1567-1622) y san Vicente de Paúl (1581-1660), en algún momento capellán de

Margarita de Valois. Todo ello sin olvidar la proliferación de grandes teólogos como Bourdoise, Condren y Olier, encargados de renovar y purificar las doctrinas.

Desde el punto de vista de política exterior, decir que la oposición que Richelieu mantiene contra los Austrias le lleva a intervenir en varios conflictos a favor de los protestantes y en contra de las tropas españolas y pontificias. En algún momento defiende la candidatura del duque de Nevers en contra de los intereses españoles. Pero esta estrategia le causó la enemistad de sus antiguos aliados hasta el punto de que tanto la reina madre como el hermano del rey, Gastón de Orleáns, inspiraron en 1630 la llamada *Journeé des Dupes*, de la que Richelieu, no obstante, salió fortalecido.

Regresemos a la relación del cardenal con la familia Pascal. Corre el año 1634. Se dice que Richelieu solicita al padre Mersenne la búsqueda de un matemático para ocupar un lugar en una comisión encargada de examinar y decidir sobre una recompensa a un profesor del *Colegio Real*; se trataba de una teoría relacionada con la determinación de *longitudes*. La decisión recae en Étienne Pascal que es, además, señalado por Richelieu para su admisión en la academia de Mersenne. Parece también que ese mismo año, Blaise Pascal habría redactado su primer texto.

Marín Mersenne

Marín Mersenne (1588-1648) fue otro genio de la época: filósofo, moralista, científico, matemático, entendido en medicina y en música. El profesor Jean-Paul Delahaye, de la Universidad de Lille, lo califica como *"una figura central en la vida intelectual del siglo XVII"*. Cursó estudios en el colegio de la congregación del Oratorio y después fue alumno de los jesuitas en su colegio de La Flèche, donde también estudió Descartes. Tomó el hábito de los *mínimos*, orden que debe su nombre al deseo de sus monjes de ser los más humildes de los servidores de Dios. Estuvo a favor de las teorías de Galileo y en contra, por tanto, de las críticas teológicas habidas. Se opuso a la alquimia y a la astrología que, según su opinión, eran seudociencias.

Mersenne tuvo correspondencia con los grandes sabios de su época: Descartes, Blaise Pascal, Torricelli, Huygens, Roberval, Gassendi, etc. Utiliza el péndulo para medir la intensidad de la gravedad; inventa un higrómetro y un telescopio con espejo parabólico; mide la velocidad del sonido y descubre la ley de los tubos sonoros y de las cuerdas vibrantes; se interesa por las matemáticas y especialmente por la sucesión de los números primos.

La situación política en Francia comienza a empeorar. Desde 1635 el país está comprometido con la guerra de los *Treinta Años* que se extiende por toda Europa entre los años 1618 y 1648. Lo que apareció como un conflicto religioso pronto se convirtió en una lucha por lograr la hegemonía en Europa. Surgen, además, las sublevaciones internas de campesinos, burgueses y nobles como consecuencia de la subida de impuestos para paliar los gastos de la guerra y de la dictadura bicéfala del rey y Richelieu.

También a partir de 1635, Francia entra en guerra contra sus vecinos los españoles; los ejércitos franceses pierden, en un principio, todas las batallas, ganando algunas a partir de 1640. Incluso Luis XIII es proclamado conde de Barcelona. Blaise Pascal, algún día, anotará lo absurdo de esta situación y se lamentará de ella, dejándolo escrito en sus *Pensamientos.* Por el contrario, el cardenal saldrá beneficiado y su autoridad sobre la nobleza quedará reforzada.

El pago de intereses de los empréstitos del estado se ve demorado e incluso disminuido en varias ocasiones. En marzo de 1638 el canciller Séguier, ministro de Gracia y Justicia, suspende el pago del vencimiento correspondiente a un trimestre. Étienne Pascal, que era poseedor de tales empréstitos, ya que había invertido en ellos mucho de su patrimonio, protesta y se manifiesta con otros rentistas que están en su misma situación. Attali nos revela que Tallemant des Réaux escribió sobre este asunto: *"El señor Étienne Pascal y un tal Bourges, acompañados de un abogado del Consejo hacen mucho alboroto a la cabeza de cuatrocientos rentistas como ellos y producen un gran temor al Guardasellos Séguier"*.

Puesto que la policía identifica a los responsables de la revuelta, Étienne Pascal huye de su domicilio para no ser detenido y se esconde en casa de unos amigos de la academia de Mersenne. Más tarde tiene que dejar París, abandonando a sus tres hijos y refugiándose en Auvernia.

El mismo año en el que se producen estos acontecimientos, concretamente en el mes de septiembre de 1638, nace en Francia, en Saint-Germain-en-Laye, Luis XIV (1638-1715), el rey Sol, hijo primogénito de Luis XIII y de su esposa Ana de Austria. Es un año en el que tienen lugar varios hechos, algunos relacionados con la familia Pascal, en general, y con Blaise, en particular: se arresta al abad de Saint-Cyran, inspirador de Jansenio, promotor del jansenismo; también es el año del nacimiento de Racine; es un momento en el que el joven Blaise Pascal, con dieciséis años, se compromete con las matemáticas, descubre la geometría y se acostumbra a trabajar sólo, sin su padre, que había representado para él un papel de tutor impuesto.

Richelieu conoce a la hermana menor de los Pascal, Jacqueline, en abril de 1639 como consecuencia de la representación teatral de la obra de Georges Scudéry, *L'amour tyranique*, en la que interviene como joven actriz. Se la presentan como la hija de un hombre injustamente perseguido, como era considerado su padre. Tenía trece años y dejó estupefacto al cardenal al oír unos delicados versos, en forma de soneto, escritos por ella misma.

También la reina Ana de Austria conoció a esta joven poetisa que no había dudado en improvisar y dedicarle un *Épigramme sur le mouvement que la reine a senti de son enfant*, al hacerse oficial el embarazo de Ana del futuro heredero de Francia. A partir de ese momento, la amistad entre la reina y Jacqueline Pascal se hizo muy próxima.

De nuevo tenemos que redirigir esta crónica sobre las revueltas que han empezado a producirse en Francia y que vuelven a influir en la vida y el entorno de la familia Pascal. El 16 de julio de 1639 un cura disfrazado de mendigo, junto con los salineros de Avranches, se manifiesta contra los recaudadores de gabelas y esa manifestación se extiende hasta la Baja Normandía. En la ciudad de Rouen se incendian casas y despachos de los recaudadores. El intendente del rey en esa capital está aterrorizado, pero el cardenal no cede, puesto que Rouen representa el principal aprovisionamiento para la capital del reino. Richelieu dota a Séguier de plenos poderes y éste se dirige al foco de la manifestación, para juzgar a los revoltosos, acompañado de un comisionado experto en asuntos fiscales. Ese *comisionado diputado de Su Majestad para el impuesto y recogida de tallas* era Étienne Pascal. La experiencia la había obtenido, empleado en el mismo trabajo, en Auvernia. Dudó en un principio sobre si aceptar o no la misión. Sus ambiciones intelectuales eran grandes, pero el puesto era de mucho prestigio y, sobre todo, la necesidad de vivir bien con su familia era lo que más pesaba.

Attali escribe en relación con estos hechos y refiriéndose a Pascal: *"Blaise no pudo ignorar la revuelta de los Va-nu-pieds como tampoco el papel de su padre en la represión. Pero lo acepta: el mundo es una podredumbre, la guerra civil una indefendible plaga e incluso su padre venerado es considerado como un colaborador en todo aquello"*.

Richelieu fallece de pleuresía el 8 de diciembre de 1642, cuando contaba 57 años. A su muerte, la familia Pascal se inquieta porque, en los últimos tiempos, todos ellos veían en el cardenal su protector inequívoco. Étienne Pascal tenía el temor de que sus responsabilidades pasaran a otras manos, en concreto, a las de algún favorito de Mazarino, el sucesor de Richelieu.

Giulio Mazarino (1602-1661) nace en Pescina, Italia. Se educó con los jesuitas y estudió derecho canónico en España, en Alcalá de Henares, doctorándose más tarde en Roma. Estuvo, en un principio, al servicio de la Santa Sede en la que ocupó, entre otros, el cargo de nuncio en Francia en 1634. Ello le valió la confianza y la estima tanto de Luis XIV como de Richelieu y, sobre todo, tener la posibilidad de participar más tarde en la política francesa al entrar al servicio de rey. Hemos leído que fue un *eclesiástico por casualidad*. A Richelieu le debió haber sido elevado al cardenalato en 1641 y de ser propuesto al rey como su sucesor en la política.

En esta década, concretamente a partir del año 1642, es cuando Blaise Pascal comienza a trabajar en su máquina aritmética con el fin de liberar a su padre de los cálculos tediosos que realizaba a diario sobre impuestos.

A la muerte de Richelieu, Mazarino es nombrado presidente del Consejo Real y, al fallecimiento de Luis XIII en mayo de 1643, un año después de morir Richelieu, rige los destinos de Francia durante la regencia de la reina madre Ana de Austria con la que se dice ha contraído un matrimonio secreto. Para sorpresa de todos, la reina, española, permite a Mazarino, italiano, proseguir la guerra contra España. Luis XIV tiene entonces sólo cinco años y Mazarino es confirmado como principal ministro.

Un nuevo movimiento de agitación en Francia, conocido como la *Fronda*, partido faccioso creado durante la minoría de Luis XIV que obliga a la corte a abandonar París, tiene lugar en 1648. Dirigido contra la política absolutista del cardenal Mazarino, tal movimiento era el resultado de la alianza provisional entre la alta nobleza y la burguesía francesas, a la vez que un reflejo de la revolución inglesa.

Se trata de la mayor crisis interna de Francia. El 13 de mayo, y para contrarrestar la política fiscal de Mazarino, el Parlamento de París se erige en cuerpo político, se limitan los poderes del rey y se reclama, entre otras cosas, la supresión de los intendentes y de los jefes de la administración fiscal. Una vez más Étienne Pascal ve peligrar su puesto de trabajo, en el que cesa definitivamente el 18 de julio. Residía todavía en Rouen y regresa a París donde comenzará a vivir como un simple particular.

Blaise está aterrorizado por esta circunstancia: la desventura de un padre que tanto ha servido al estado. La situación le inspirará un libro sobre la condición humana y comenta: *he pasado mucho tiempo de mi vida creyendo que había una justicia y en eso no me equivocaba, pues la había, como Dios nos ha revelado.*

Carácter aún más grave revistió la *Fronda* de la nobleza acaudillada, entre otros, por Condé. Se movilizaron varias provincias y ello obligó a Mazarino a exilarse temporalmente a Alemania en febrero de 1651, regresando de nuevo en diciembre del mismo año, reuniéndose con el rey Luis XIV en enero de 1652.

Como para ser testigo del final de una época, la científica, el año 1648 es el de la muerte de Mersenne, y su academia pasa a ser regida, curiosamente, por Le Pailleur, personaje perteneciente a un grupo cómico. Parece que en esos meses Blaise Pascal trabajaba ya en un tratado sobre la generación de las cónicas, y cuatro años más tarde en un tratado sobre el vacío. Un nuevo revés acontece en la vida de los Pascal: la muerte del padre, Étienne, en 1654.

El matrimonio de Luis XIV con la infanta María Teresa de Austria (1638-1683), hija de Felipe IV de España, tiene lugar a principios del mes de junio de 1660. Fue un matrimonio concertado en la llamada Paz de los Pirineos en 1659. El año anterior Mazarino y los príncipes del Rin habían acordado una alianza, la liga del Rin, para hacer respetar las cláusulas del tratado de Westfalia

Luis XIV sacrificó la economía de su reino a su ambiciosa política exterior, lo que le llevó a interminables y costosísimas guerras que, como ya se ha dicho, empobrecieron el país. Todo ello inmerso en un rígido armazón, consecuencia de una intervención tan exhaustiva que paralizaba la iniciativa privada.

Conversación matemática en la cumbre.
De izquierda a derecha: Desargues, Mersenne, Pascal y Descartes.

En la noche del 8 al 9 de marzo de 1661 fallece el cardenal Mazarino; el rey decide gobernar personalmente junto con Fouquet que había sido ministro de Hacienda con Mazarino; no obstante, Séguier seguirá conservando su puesto de presidente del Consejo de Estado. Al año siguiente, exactamente el 19 de agosto de 1662, fallece Blaise Pascal cuando acababa de cumplir los 39 años.

Hasta aquí la crónica política y social que acompañaron la corta vida de Pascal. Es bueno que añadamos algunas pinceladas sobre los aspectos científicos y religiosos de la época. En los primeros participó o contribuyó con su sabiduría y dedicación y en los segundos estuvo incluso comprometido y dubitante hasta sus últimos días.

Como poseedor y protagonista de esas cualidades nos ha llamado mucho la atención el cuadro pintado por Chartran que se encuentra en la Sorbona, París. En él figuran, en el grupo de la derecha, Desargues, el padre Mersenne, Blaise Pascal y Descartes. Nos sugiere una *conversación matemática en la cumbre*. Pascal, el más joven de los cuatro, aparece de espaldas en discusión con Descartes.

El período de la historia de la Europa continental que se extiende desde el principio de la guerra de los Treinta Años hasta la Paz de los Pirineos es, desde el punto de vista del progreso intelectual, digno de especial mención por las obras de los cuatro sabios mencionados.

René Descartes Duperron (1596-1650) nació en la región de Turena, en La Haye, hoy llamada Descartes, situada entre Tours y Poitiers, de padres bretones; fue un niño débil y enfermizo. Su educación fue encomendada a los ocho años a los jesuitas de La Flèche. Leyó libros científicos de toda clase y percibió fácilmente la anarquía inmensa que reinaba en los espíritus. Básicamente, su método consistía en dudar de todo comenzando por su propia existencia. Es célebre su *pienso luego existo*. La ciencia que él estudia está dominada por la filosofía de Aristóteles, filosofía oficial de la iglesia. Descubre las matemáticas en los libros del jesuita Clavius.

Esa filosofía descansa en estas cuatro reglas:

- *Retener sólo la evidencia.*
- *Analizar los problemas fraccionándolos en varias partes.*

- *Conducir el razonamiento de lo simple a lo complejo.*
- *Asegurarse de no omitir nada.*

Descartes no aceptaba nunca otra autoridad que no fuera la de los físicos reformadores, tales como Bacon, Gilbert, Galileo, Kepler, Hervey y pocos más. Fue filósofo y pensador, estudió derecho en la Universidad de Poitiers, se inscribió en la Escuela militar de Breda, estudia física y mecánica, en París entra en contacto con el padre Mersenne con quien estudia las matemáticas, y viaja por Bohemia, Hungría, Alemania, Holanda e Italia. En 1637 publica en francés, pero impreso en Leiden, su *Discurso del método, para conducir bien la razón y buscar la verdad en las ciencias*, donde expone *su método*, acompañado de tres apéndices sobre Dióptrica, los Meteoros y la Geometría; es el padre de la *geometría de la referencia*, es decir, de la geometría analítica. En 1647 tienen lugar en París sus dos encuentros con Pascal y, como éste último, Descartes se interesa por el vacío, pero sus opiniones sobre su existencia no coinciden. Descartes muere de neumonía en Estocolmo donde se había desplazado a petición de la reina Cristina de Suecia en 1649.

Al padre Mersenne nos hemos referido anteriormente al hacer la crónica de los hechos políticos que acompañaron, en muchos de sus días, la vida de la familia Pascal. Añadamos, por último, algunos detalles concernientes a Desargues (1591-1661). Nacido en Lyon, fue otro personaje que dio esplendor a la ciencia francesa del siglo XVII y que, junto a Pascal y Poncelet, crearía la geometría proyectiva, cuyo objeto es el estudio de aquellas propiedades de las figuras que permanecen invariantes por la proyección y la sección.

Gérard Desargues fue matemático, ingeniero y arquitecto y un estudioso de las cónicas. Su obra geométrica se halla íntimamente ligada a la de Pascal, que le comenta a su padre *estar inspirado por él*. Dio a la geometría de Apolonio su marco geométrico adecuado y mostró cómo obtener de distintas formas las cónicas a partir de un solo cono recto circular y cómo aplicar estas propiedades a la perspectiva. Chasles dijo de él que *"era un artista y su obra llevaba el sello de la universalidad, cosa insólita en un artista"*. Descubrió uno de los más importantes teoremas de la geometría que, junto con el teorema de Pappus, es un elemento fundamental en la materia.

Residió en París desde 1630 y cinco años más tarde se unió a los científicos que acudían a la academia de Mersenne, el cual informaba semanalmente por carta a los sabios de su época de las reuniones tenidas en su casa.

Finalmente, hagamos un corto recorrido por el ambiente religioso comenzando por Cornelius Jansen (1585-1638), que fue conocido como Jansenio al latinizar su nombre y es el padre del jansenismo, movimiento religioso inscrito en el marco de la reforma católica. Estudió teología en la Universidad de Lovaina entrando en contacto con Jean Duvergier de Hauranne con quien se traslada a París desde Flandes en 1604 y siete años más tarde a Bayona donde ambos se dedican al estudio de San Agustín, al mismo tiempo que planean una reforma de la iglesia que la acercara a su pureza primitiva. Siempre mantuvieron entre ambos una activa correspondencia, incluso cuando Duvergier es nombrado abad de Saint-Cyran y acostumbra a vivir en París y Jansenio regresa a Flandes. Este último es designado obispo de Ypres en 1636. Blaise Pascal tiene 20 años en 1643 cuando acontece la muerte de Duvergier.

Jansenio escribe *Augustinus* cuyo contenido es la base de la doctrina jansenista. Fue condenada por el papa Urbano VIII en 1641 y 1642.

La doctrina del jansenismo exageraba las ideas de san Agustín acerca de la influencia de la gracia divina para obrar el bien, con detrimento de la libertad humana. El jansenismo apuntaba hacia el máximo rigor ascético y moral y anteponía el sentido de reverencia religiosa ante lo sacro. Exigía respeto a la dignidad sacerdotal, recomendaba la recepción espaciada al máximo de los sacramentos e imponía una incondicional obediencia al director espiritual: era preceptivo ponerse en sus manos ya que se consideraba el transmisor de la voluntad de Jesucristo. El amor a los pobres y necesitados era otro de los preceptos.

El centro difusor del jansenismo estaba en el monasterio femenino de Port-Royal-de-Champs situado en el valle de Chevreuse. El monasterio había sido fundado en 1204 y convertido en cisterciense en 1225. A finales del siglo XVI y principios del XVII entra en la órbita de la familia Arnauld, a la que ya nos hemos referido anteriormente. Para huir del clima insalubre del valle, la abadía se traslada en 1625 a un nuevo convento en Paris, Port-Royal de París, situado donde actualmente se ubica la maternidad del hospital Cochin.

En Port-Royal vivieron varios personajes, predicadores, teólogos, todos ellos muy relacionados con Pascal porque llegó a formar parte de ese grupo. Su propia vida estuvo marcada por la academia de Mersenne y por la citada abadía, a la que ligó su destino en 1655 ya que en esa fecha decidió retirarse temporalmente a Port-Royal.

El jansenista abad de Saint-Cyran fue el director de conciencia de las religiosas de Port-Royal. Entre ellas contamos a la madre Angélica, a la que ya nos hemos referido anteriormente, hermana de Antoine Arnauld y reformadora del monasterio; a Jacqueline, la hermana más joven de Pascal ,y a su sobrina, Marguerite Périer.

La persecución de las religiosas de Port-Royal-des-Champs no parará hasta su expulsión, y la consiguiente destrucción del monasterio, lo que ocurre a principios del siglo XVIII, concretamente en el año 1711.

2 Niñez de Pascal. De Clermont a París

Somos tan presuntuosos que quisiéramos
que nos conocieran en toda la tierra,
incluso por los que vengan cuando ya no estemos.

Blaise Pascal

El 27 día de junio 1623 ha sido bautizado Blaise Pascal, hijo de Étienne Pascal, consejero electo para el rey en la elección de Auvernia, en Clermont; y de la noble señora Antoinette Begon; el padrino el noble Blaise Pascal, consejero del rey en la senescalía y sede presidencial de Auvernia, auditoría de Clermont; la madrina dama Antoinette de Fontfreyde.

El registro está firmado por los padrinos:
Pascal, uno de sus tíos, y Fontfreyde, abuela materna.

Así reza el acta de bautismo de Blaise Pascal tomada de los registros de actas bautismales de la parroquia de Saint Pierre de Clermont y depositada en el ayuntamiento de Clermont-Ferrand. El padrino era uno de sus tíos paternos, de sobrenombre *de la Motte*, y la madrina su abuela materna.

La ciudad francesa de Clermont-Ferrand es la capital del departamento de Puy-de-Dôme y de Auvernia. Actualmente es un importante centro industrial y comercial y un gran nudo de comunicaciones del valle del río Allier y posee universidad desde el año 1880, pero cuando sus padres se instalan en esa ciudad, conocida en el siglo XVII como Clermont-en-Auvergne, era una villa de unos 9000 habitantes. Vivirán cerca de la plaza de la Victoria en una casa que, según Jacques Chevalier: *"estaba compuesta por un edificio de dos cuerpos unidos por una vieja vivienda del siglo XV, la casa Chardon du Ranquet"*. Allí nace Blaise Pascal, viviendo en su ciudad natal sólo sus primeros ocho años, hasta 1631.

Se dispone de numerosos documentos sobre su vida, y de ellos, tres son relatos de testigos directos: de su hermana mayor Gilberte y de dos de los hijos de ésta, Étienne y Marguerite. Su hermana, casada con Florin Périer, comienza a escribir la biografía que lleva el título *La vie de Monsieur Pascal*, meses después de la muerte de Blaise.

Los Pascal pertenecían al medio social que dominaba en la ciudad de Clermont, ciudad que aún conservaba entonces su aspecto medieval: "*clase media de mercaderes y artesanos, más que de nobleza y toga.*"

Dos familias distintas llevaban ese nombre. Una de ellas, los señores de Mons, cuyos representantes últimos fueron François Pascal y su hija Marguerite, había sido ennoblecida por el rey Luis XI en 1480; la otra, que era oriunda de Cournon, en Limagne, como Jehan Pascal, contó con mercaderes encumbrados hasta lo más alto de la burguesía. Hacia el año 1580 ambas familias se unen en un solo tronco por el casamiento de Martín Pascal de Cournon con Marguerite Pascal de Mons. De ese matrimonio nacen varios hijos entre los cuales estaban Étienne Pascal, Blaise Pascal de la Motte, Bremond y Claudia. El primero sería el padre de nuestro Blaise Pascal.

Casa natal de Blaise Pascal en un grabado de época, fue demolida en 1930.

Pascal de niño, retrato a la sanguina realizado por Jean Domat.

Étienne Pascal era jurista además de un entendido en matemáticas, física y lenguas antiguas. Se titula en ocasiones *caballero*. No se conservan de él ni cartas ni retratos y sólo algún autógrafo con trazos de escritura similares a los de su hijo Blaise. Hacia 1608 estudia en París, en la Sorbona: fue el primero de la familia en hacerlo. Allí cursa estudios de derecho y teología. Corría el reinado de Enrique IV. Cuando empeora la situación política y el rey es asesinado, su padre Martín le recomienda en 1610 regresar a Clermont, ciudad en la que ya residía cuando acontece la muerte de su padre.

La poca fortuna que le queda, después de compartirla con hermanos y hermanas, la emplea en comprar el cargo de *consejero elegido por el rey* para la Baja Auvernia en Clermont, es decir, encargado de juzgar, en primera instancia, los litigios relacionados con los impuestos. Se convierte así en un rico magistrado. Continúa estudiando matemáticas y manteniendo correspondencia con varios condiscípulos que había conocido en París, pero no se mezcla en los asuntos de la política.

Étienne Pascal contrae matrimonio en 1616, cuando contaba ya veintiocho años, con Antoinette Begon (1596-1626), de veinte, hija del parlamentario Víctor Begon y de Antoinette Fontfreyde; su hermano Jehan Begon fue el sucesor de su padre en el Parlamento de Clermont. Antoinette, mujer distinguida por su talento y sus virtudes, por su inteligencia y sensibilidad, era a la vez frágil y enfermiza.

Al año de casado, en 1617, nace su primera hija, Antoinette, que fallece poco después. Tres años más tarde nace Gilberte (1620-1687) y a continuación Blaise Pascal el 19 de junio de 1623. Finalmente, el matrimonio tendría un nuevo nacimiento, el de la hermana menor Jacqueline (1625-1661), que llega al mundo el 5 de octubre.

En 1624 compra un cargo mucho más importante que el que ya tenía, el de presidente del Tribunal de Apelación y de la Administración de Hacienda de Montferrand. Se traslada con su familia a una nueva casa, un edificio del antiguo hotel de Vernines, el inmueble Dauzat, situado en el lateral derecho de la entrada principal de la catedral de Clermont, casa demolida en 1930.

Así describe su hermana mayor Gilberte, convertida ya en Madame Périer, el carácter del pequeño Blaise: *"[...] desde que mi hermano estuvo en edad de hablar, dio señales de un espíritu extraordinario para las pequeñas respuestas que él daba, pero más aún para cuestiones sobre la naturaleza de las cosas, con lo que sorprendía a todo el mundo. Este comienzo que daba buenas esperanzas nunca se contradijo, pues a medida que crecía en edad, aumentaba en él la fuerza de su razonamiento..."*

En otro de los relatos familiares, el de su sobrina Marguerite Périer, hija de Gilberte, encontramos escrito que, desde su primer año, Blaise Pascal *"caía en una especie de apatía, acompañada de dos circunstancias extrañas: no podía sufrir la visión del agua, como tampoco la proximidad de su padre y su madre juntos. Esta enfermedad le dura un año y le cuesta perderla"*.

Estudiosos contemporáneos de la persona de Pascal nos dicen que éste padecía de *"violentas y espectaculares convulsiones. El recién nacido entraba en un estado de ansiedad"*. Su padre quiere encontrar el origen de tales males; él adora a este niño y piensa que los dos factores desencadenantes, como advertirá posteriormente su sobrina Marguerite, son el derrame del agua y los padres abrazándose. Dado que la época está aún muy impregnada por la magia, su padre tampoco descarta la idea de un hechizo. Attali ha escrito sobre esta circunstancia que *"psicoanalistas contemporáneos interpretan tales síntomas como la manifestación de un traumatismo ligado a la sexualidad"*.

Durante la estancia en Clermont ninguno de los hijos de Étienne asiste a la escuela. El padre será el único maestro de los tres poniendo en marcha métodos pedagógicos propios, orales y sin libros, muy avanzados para la época e inspirados seguramente en su lectura de Rabelais y Montaigne y basados en el razonamiento: aprenden a leer francés y estudian su gramática, les introduce en el latín (Blaise tenía siete años), la historia y la geografía, pero aún no en las matemáticas. Gilberte anota sobre esto: *"mi padre le hablaba"*, refiriéndose a su hermano Blaise, *"frecuentemente de los efectos extraordinarios de la naturaleza, de la pólvora para el cañón y de otras cosas que sorprenden cuando se consideran. Mi hermano experimentaba gran placer con estas pláticas, pero quería saber la razón de todo"*.

Étienne no mezcla la religión con la enseñanza de las otras materias: la fe no es una ciencia para enseñar, es un tema del corazón. También comprende rápidamente que tanto Jacqueline como Blaise se sitúan fuera de lo común. La primera sobresale en la literatura y comienza a escribir versos cuando tiene la edad suficiente para sostener la pluma entre sus dedos. Blaise resulta ser más curioso.

La esposa de Étienne Pascal falleció a la temprana edad de treinta años, probablemente de tuberculosis. Blaise Pascal tenía entonces tres años. Étienne no volverá a casarse, a pesar de la costumbre de la época. Se dedicará a la educación de sus hijos y tomará una gobernanta para ayudar en los cuidados de la familia y de la casa. Se trata de Louise Delfaut que provenía de una familia burguesa relacionada con la de Jean de La Fontaine. Louise ya no abandonará a la familia Pascal hasta que le llegue la muerte.

No obstante la educación de sus hijos, Étienne no renuncia nunca a sus ambiciones. Cinco años después de la muerte de su esposa Antoinette, desea comprar el cargo de primer presidente del tribunal de cuentas pero presiones llegadas de París le impiden conseguirlo. Étienne no comprende y se desespera, no entiende la justicia y decide vender su actual cargo a uno de sus hermanos y abandonar Clermont para trasladarse a París.

Étienne y sus tres hijos se trasladan pues a la capital en noviembre de 1631. París era una ciudad en plena crisis política a la vez que en desarrollo: se trazan las nuevas calles, se fundan monasterios y se levanta el palacio de Richelieu. Blaise tiene entonces ocho años, casi nueve, Gilberte, diez y Jacqueline, seis. Reinaba en Francia Luis XIII. Comenzarán viviendo en la calle *Juifs*, de los Judíos, pero los traslados se suceden continuamente: primero a la calle *Tixeranderie*, barrio del Temple; en 1634 se instalan en *Neuve-Saint-Lambert*, hoy *Condé*, y al año siguiente en *Brisemiche*. Su estancia en París durará hasta el año 1640 con una única ausencia por regreso a Auvernia entre los años 1637 y 1638 con sus dos hijos mayores, Gilberte y Blaise.

En un principio, esta vuelta a París no le resulta agradable a Étienne, por lo que intenta volver a recuperar su puesto en Clermont, pero su ausencia del lugar le impide alcanzar ese objetivo. Se siente terriblemente desengañado. Suponemos que motivado por esta situación familiar de añoranza, Blaise Pascal escribirá más tarde en sus *Pensamientos*: *La bajeza más grande del hombre es buscar la gloria. Pero también es la señal más grande de su excelencia; pues cualquier posesión que tenga sobre la tierra, cualquier bienestar y comodidad esencial que tenga, no se satisface si no es con la estima de los hombres.*

Étienne se dedicará a hacer inversiones, terminando por colocar todo su capital en obligaciones del estado y vivir de las rentas producidas, sin olvidar nunca la formación de sus tres hijos. Hace esfuerzos por ser admitido en los círculos científicos de la capital, lo cual le iba a suponer unos gastos adicionales, regalos, recepciones, para procurarse las correspondientes amistades. En 1635 tiene lugar la fundación de la academia matemática del padre Mersenne, a la que asistirá Étienne y muy poco después también Blaise.

A Étienne no le agradaban, como ya hemos dicho, los métodos educativos de la época y, por lo tanto, no estaba conforme con ellos: "*son métodos que dejan de lado el razonamiento*". Por eso deseó siempre, sobre todo con Blaise, que apuntaba desde su niñez una sobresaliente inteligencia, aplicar métodos basados en el razonamiento para aprender tanto lenguas como ciencias. Así, cuando otros niños de la época recitaban las declinaciones latinas, Blaise trataba de demostrarlas. Además, debido a su vocación de maestro y al amor que sentía por sus tres hijos, Étienne gustó siempre de tenerlos a su lado y de darles el mismo tipo de educación, incluidas las dos hermanas, lo que suponía un hecho excepcional para la época.

La contrapartida de este estilo de formación era el aislamiento. Blaise no tiene la oportunidad de aprender nada sobre relaciones humanas: salía a la calle siempre acompañado de su padre y en casa la única compañía eran la gobernanta y sus dos hermanas. Los testimonios confirman que su relación mayor y mejor la tuvo con su hermana Jacqueline.

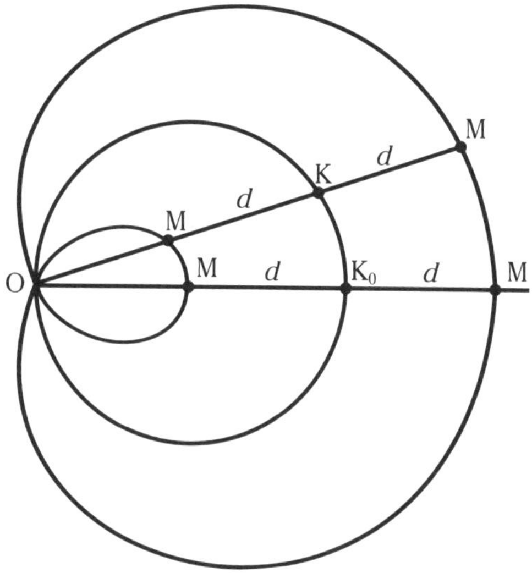

Concoide del círculo.

Étienne era, además de un humanista, un amante de las matemáticas en general y de la geometría, en particular. De esta ciencia le decía a su hijo que era *"el medio de hacer figuras exactas"* y de encontrar sus proporciones, pero a la vez le prohibía su estudio, cosa que Blaise hacía a escondidas porque la geometría le apasionó desde muy joven. Étienne descubre y estudia la curva conocida con el nombre de *caracol*, *limaçon* en francés, y que posteriormente se denominó con el nombre matemático de *concoide del círculo*. Vamos a describirla someramente. Se trata del lugar geométrico de los puntos M de una recta OK situados a una distancia fija *d* del punto K, cuando este último recorre la circunferencia de diámetro OK_0. El punto fijo O recibe el nombre de *polo* de la concoide.

La construcción manual de una concoide se puede conseguir con una cartulina doblada en borde rectilíneo que hace las veces de regla y portasegmentos, girándola alrededor del polo O. Roberval llamó a este lugar geométrico *concoide de Pascal*, en memoria de Étienne Pascal que fue el primero en trabajar con la curva, pero no

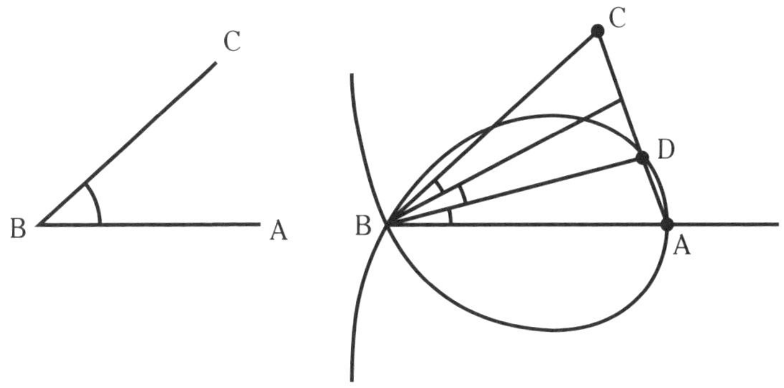

Trisección del ángulo.

en la de su hijo. Creemos que este es el lugar para reivindicar este *invento* y por ello comentaremos algo más sobre la aplicación de este lugar geométrico.

Cuando la distancia *d* sea igual al radio de la circunferencia, la concoide puede aplicarse para obtener la trisección métrica de un ángulo. Tal problema no tiene solución, sin embargo, con el uso de sólo la regla y el compás. De ahí la importancia de la curva debida a Étienne Pascal. Se ha representado la construcción de la trisección del ángulo ABC. Se lleva uno sus lados, el AB, sobre el bucle de la concoide y a partir del polo B; se traza a continuación el segmento BC que reproduce el ángulo dado y tal que sea AB = BC. La intersección D de AC con la línea del bucle es tal que el ángulo DBA es la tercera parte del ABC.

Volvamos a la familia Pascal. Blaise fue preparado desde niño para ser sabio y creador. No obstante, en algún momento sorprendió a su padre como un imprevisto poeta y escritor original. Además, como ya se ha dicho, desde corta edad le gustaron las matemáticas y las ciencias experimentales como la física. Su padre consideraba, no obstante, que estos asuntos correspondían a personas mayores, por lo que las conversaciones familiares las desviaba hacia el planteamiento de problemas sencillos y recreativos. Étienne hablaba en familia con autoridad de la pólvora, de la subida del agua por tubos de aspiración forzada, del rayo; razonaba sobre el porqué de la flotación de los cuerpos en un líquido. Como consecuencia de ello, Blaise experimentó sobre el sonido y sobre su trasmisión mediante ondas, lo que le valió para preparar, más tarde en su corta vida, un tratado sobre acústica. También se iba despertando en él un amor intenso por la música.

Contrariamente al uso, Étienne esperó a que Blaise tuviera doce años para enseñarle latín, aunque los inicios de la preparación en esta materia ya venían de más atrás. Con ello, Blaise adquirió una gran capacidad de síntesis. Esto nos ha dejado escrito su hermana Gilberte al respecto: *"quería saber la razón de todas las cosas y cuando no se le daban buenas razones, él las investigaba por sí mismo"*.

Nunca disminuyó la pasión de Blaise Pascal por la geometría. A los doce años su padre le sorprendió tratando de demostrar a escondidas una proposición geométrica en la que él reconocía, utilizando medios infantiles de barras y redondeles, la proposición 32 del Libro I de los *Elementos* de Euclides: *"En todo triángulo, si se prolonga uno de los lados, el ángulo externo es igual a los dos ángulos internos opuestos. La suma de los tres ángulos internos es igual a dos rectos"*. Esta vez su padre no le castiga a pesar de que su intención era que Blaise no acometiera estos temas hasta más adelante en el tiempo. Le ofrece un tratado de Euclides, pero sólo para que lo lea en sus momentos de recreo. Así nos relata estos hechos su hermana Gilberte.

> *"Su genio para la geometría comienza a aparecer cuando todavía no tenía doce años. [...] Mi padre era sabio en esta materia, pero no hablaba de ella con sus amigos si estaba presente mi hermano y había encerrado todos los libros que hablaran de ella [...] Mi hermano tomaba carbón y hacía figuras sobre las baldosas,*

buscando la manera de construir una circunferencia perfectamente redonda, un triángulo cuyos lados y ángulos fuesen iguales y otras cosas semejantes. [...] Como mi padre le escondía todas las cosas que él no sabía, mi hermano ponía sus propios nombres a esas cosas: llamaba redondo a la circunferencia, barra a la recta. Después de los nombres hacía axiomas y después demostraciones perfectas y como iba de una a otra de estas cosas adelantaba su búsqueda hasta tan antes que llega a la proposición treinta y dos del primer libro de Euclides".

Existe otra versión de este hecho, la de Tallemant des Réaux, según la cual Blaise habría encontrado en la biblioteca de su padre un libro de matemáticas publicado muchos años antes, en 1545, en el que se contenía una traducción al latín de los *Elementos* de Euclides.

Independientemente de cómo hubieran ocurrido estos hechos que, en cualquier caso, demostraban una precocidad extrema en Blaise, su padre decide solicitar de Mersenne la autorización para que su hijo asista como observador a sus reuniones. Como consecuencia, el Blaise Pascal de doce años y medio es admitido a codearse con los matemáticos más célebres de su época: discute con Gassendi y escucha la disputa que mantienen en 1637 Descartes y Fermat sobre los principios de la geometría analítica. También conoce, a través de las discusiones de su padre, de Mersenne y Roberval, dos libros del filósofo y militar Descartes que han leído recientemente, la *Dioptrique* y los *Météores.* Estos dos tratados junto con otro de *Géométrie*, constituían sendos apéndices del *Discurso del método.*

A esas reuniones asisten también cómicos, poetas, melómanos y danzadores. Por ello Pascal escribirá más tarde que *[...] no se imagina uno a Platón y a Aristóteles más que con grandes togas pedantes. Eran gente honesta y, como los otros, reían con sus amigos. Y cuando se divertían haciendo sus leyes y políticas, lo hacían jugando.*

Es un entorno en el que se discuten descubrimientos y se desborda optimismo: muchos de los biógrafos de Pascal critican, sin embargo, que Blaise no fuera nunca un profesional de ciencia alguna, ni tampoco un consumado teólogo o literato. Sería siempre, eso sí, un hombre honesto, conocedor y dominante de muchos tópicos. Incluso algún contemporáneo decía de él que era un *"joven con ingenio pero ignorante"*. La realidad fue que Mersenne, que lo conocía bien, siempre lo elogió y los demás miembros de la Academia lo consideraron muy pronto como un auténtico maestro. Desde luego era capaz de desarrollar, demostrar y mejorar las ideas que otros habían tenido; es el caso, por ejemplo, de la geometría de las cónicas, teoría e hipótesis iniciadas por Desargues y que será comentado más adelante.

Siguiendo a su biógrafo Attali, sabemos que, con trece años, Pascal era capaz no sólo de escribir en latín sino también de comprender el griego y el hebreo. Sin embargo, no lee muchos libros; le es suficiente con escuchar a los amigos de su padre, porque reflexionar sobre lo oído es mucho más importante y fructífero que leer.

A esa edad Pascal, admirado y querido por su padre y hermanas, es un adolescente frágil, enfermizo y nervioso que sufre de frecuentes migrañas. No se le conocen apenas amigos de su edad salvo quizá su vecino Arthus, futuro duque de Roannez, y la hermana de éste, Carlota. Entre ellos tres, junto con la hermana menor de Blaise, Jacqueline, se establece una relación de amistad profunda, de deseos, pero todo ello no exento de rivalidades surgidas del mundo que les había tocado vivir en el que *"la ciencia, el cuerpo y la fe jugaron, cada uno, su propio protagonismo"*. Fue una amistad de fidelidad mutua que durará hasta la muerte del último de ellos.

Padre e hijos asisten a funciones teatrales donde se representan comedias y tienen la oportunidad de conocer al célebre comediante Mondory, haciendo también amistad en estos círculos con

Corneille. En ese ambiente de poesía, teatro y comedia es donde comienza a descollar Jacqueline como poetisa, convirtiéndose la rima en una pasión sin límites que le induce a escribir versos y a aprender de memoria obras completas. Todo lo cual originará en Blaise una cierta rivalidad para con su hermana escribiendo más tarde sobre ello: *todos los grandes divertimentos son peligrosos para la vida cristiana. Pero entre todos los que ha inventado el mundo no existe otro más peligroso que la comedia. Es una representación tan natural y tan delicada de las pasiones que las remueve y las hace nacer en nuestro corazón, y sobre todo la del amor [...].* Nadie podía imaginar que esa pasión de Jacqueline por la poesía salvaría de la ruina a su padre y al resto de la familia unos cuantos años después.

La vida de los Pascal va a experimentar un giro drástico como consecuencia indirecta de la entrada de Francia en 1635 en la Guerra de los Treinta Años. Para paliar los gastos que suponía tal contienda, a partir de 1638 se suben los impuestos y se retrasan los pagos de los empréstitos a los inversores. Uno de los afectados por esta política de Richelieu será Étienne Pascal: su participación el 26 de marzo de 1638 en una manifestación en París con más rentistas le obliga a huir a Auvernia para no caer en manos de la policía. Étienne tiene que abandonar París dejando a sus hijos en esa capital al cuidado de la gobernanta señora Delfaut.

La situación económica de los hermanos se vuelve catastrófica por lo que Gilberte escribe a su padre con frecuencia para expresarle el deseo que, tanto ella como sus hermanos, tienen de su regreso. Comienza a faltarles de todo. Estas son palabras de Gilberte a su padre: *"Señor padre, yo me alegro de que en todas las ocasiones en que os escribo me siento incómoda al deciros siempre la misma cosa que es el buen estado, gracias a Dios, en el que está toda la casa que no tiene por el presente otro deseo que el de tener el honor de veros regresar".* La situación empeora aún más en septiembre de ese año al caer Jacqueline enferma de viruela, enfermedad crítica para los niños en aquellos tiempos. A pesar de las amenazas de arresto, Étienne vuelve a París en noviembre para visitar a su hija. Por el momento no conseguirá obtener una amnistía; ello sucederá un año más tarde, cuando su hija, una vez restablecida de su enfermedad, la consiga de Richelieu y por sus propios méritos. Étienne regresa rápidamente a Auvernia una vez curada su hija.

Durante la ausencia de su padre, Pascal, con quince años, ha invertido todo su tiempo en el estudio de las matemáticas y de la geometría; trabaja solo e incluso deja de ver a los expertos de la academia, a la que no vuelve más.

Jacqueline entra en la corte de Saint-Germain

"*Jacqueline era también una niña prodigio*", dice alguno de los estudiosos de la vida de Pascal. En 1637 la señora de Morangis, vecina de los Pascal, oye hablar de los dotes excepcionales de la niña para componer e, incluso, improvisar versos. Al final de la primavera de 1638, justo después de la manifestación en la que había participado su padre, Madame de Morangis piensa en presentarla a la reina Ana de Austria en la corte en Saint-Germain. Jacqueline duda en principio pero resuelve esas dudas al pensar en su padre huido y en su hermano demasiado joven para llevar las riendas de la casa. Étienne, desde Auvernia, también la anima a acudir a la recepción y a interceder por él ante la corte. El primer encuentro sucede en junio de 1638. Primero es presentada a la reina, embarazada de siete meses, y en otra ocasión también al rey. En ambos casos recita los versos que tiene preparados o improvisados. Jacqueline es celebrada y aplaudida y Ana de Austria está encantada con la presencia de la joven. Cada mañana, los mosqueteros la recogen en su casa y la llevan a la presencia de la reina.

Jacqueline se atreve incluso a enviarle a la reina sus versos, que habían sido mandados imprimir por su padre durante su regreso secreto y temporal a París para interesarse por su hija enferma. No obstante, ningún resultado sobre la esperanza que Jacqueline había puesto para arreglar la situación de su padre. La reina está demasiado ocupada en el próximo nacimiento de su hijo y heredero, que tiene lugar en septiembre de 1638.

Con la intermediación de Madame de Morangis se busca otro camino, esta vez con la colaboración del comediante Mondory, y en una fiesta en abril de 1639 organizada en el palacio del cardenal Richelieu y en presencia de éste, en la que el comediante debía representar la obra *L'Amour tyrannique*, Jacqueline se ofrece a interpretar un papel, cosa que Mondory duda ante la inexperiencia de la niña, pero al final acepta. A la representación también acuden sus dos hermanos, Blaise y Gilberte. Como ya había sucedido con la reina, de nuevo la situación se repite: el cardenal aplaude a la joven actriz que le es presentada como la hija de un *"hombre exilado e injustamente perseguido por participar en una revuelta"*.

En un principio el cardenal sólo tiene ojos para contemplar a la jovencita e interesarse por ella; a sus trece años le resulta encantadora a pesar de las señales en la cara que, sin duda, le habría dejado su reciente enfermedad. Leemos de Tallemant des Réaux que *[...] "el Cardenal la toma sobre sus rodillas y la besa varias veces, pues era bonita"*. Su eminencia está estupefacto porque Jacqueline además le susurra al oído unos versos de su propia cosecha: la niña era guapa, buena comediante y mejor poetisa. Aceptará lo que le pida y naturalmente Jacqueline intercede por su querido padre, favor que el cardenal concede al instante, con la condición de ser visitado por padre e hijos.

Étienne Pascal regresa a París y visita al cardenal en mayo de 1639. Richelieu, además de perdonarle, le felicita por la sabiduría de su hija. La buena estrella vuelve a la familia Pascal.

El viaje y traslado a Rouen

Cuando Étienne retorna a París desde su exilio, Blaise, que tiene dieciséis años, ha continuado trabajando y estudiando por sí mismo. Sigue los pasos de Mersenne y Desargues, interesándose por sus teorías de las *proyecciones* para representar en el plano las figuras de tres dimensiones, dando así nacimiento a la geometría proyectiva. La aplicación inmediata, poder trazar planos de las máquinas. De ahí pasa al estudio de la perspectiva y después al de las cónicas. Pero todo esto será una cuestión para escribir más adelante. Desargues está admirado de la pericia de Pascal, y junto con Mersenne, los tres, discuten estas cuestiones que años atrás Desargues no había desentrañado suficientemente, sólo esbozado.

Se advierte, por consiguiente, que Blaise Pascal era capaz de desarrollar, demostrar y mejorar las ideas que otros habían tenido; es el caso que estamos comentando sobre la geometría de las cónicas, teoría e hipótesis, ya iniciada por Desargues. Como consecuencia de todo ello, Étienne Pascal tiene la oportunidad de asistir en septiembre de 1639 a la presentación de su hijo, presidida por Mersenne, de un *Essay pour les coniques* (*Ensayo sobre las cónicas*), cuyo contenido versa sobre las proyecciones en un plano de círculos situados en el espacio.

Paradójicamente, la mala situación financiera del país es la que va a salvar a la familia Pascal de las penurias económicas que estaban pasando. Algunos meses después de su llegada a París, en octubre de 1639, el cardenal Richelieu confía a Étienne el cargo de comisario diputado de su majestad para los impuestos en la Alta Normandía. Étienne debe trasladarse a Rouen con sus hijos, donde llegan el 2 de enero del año siguiente junto con el canciller Séguier. Allí se instalan en la calle *Murs-Saint-Ouan* y comienzan un tipo de vida nuevo: tienen servidores, carroza y una buena dotación. Ya hemos descrito anteriormente la revuelta organizada por el cura mendigo contra los recaudadores de gabelas. De ahí el encargo con el que llegan Séguier y Étienne a Normandía: el primero para acabar con las revueltas, el segundo como experto fiscal e incluso en su tiempo libre, colaborando también en la represión de los agitadores.

En Rouen, Blaise Pascal hace imprimir su obra *Ensayo sobre las cónicas* y anuncia nuevas demostraciones: *Si se juzga que la cosa merece ser continuada, probaremos a llevarla a delante hasta donde Dios nos de fuerza para conducirla.* También hace un homenaje a Desargues que había sido su inspirador: *M. Desargues, lionés, uno de los grandes espíritus de este tiempo y de los más versados en matemáticas y, entre otras cosas, en las cónicas.*

Étienne Pascal recibe en su casa mucha gente de la cultura: poetas, abogados, al arzobispo François de Harlay y al dramaturgo y joven abogado del rey Pierre Corneille, al que ya habían encontrado en la casa de Mondory en París. Jacqueline conoce así a su poeta favorito, entablándose entre los dos una auténtica amistad. Blaise asiste a las discusiones sobre las obras en las que trabaja Corneille. Jacqueline, por la mediación y consejo del dramaturgo, participa en un concurso de poesía en honor de la Virgen María con unos versos anónimos. El jurado concede el premio el 8 de diciembre de 1640 a una joven niña cuya identidad desvela el propio dramaturgo.

Pascal debió guardar un vivo recuerdo de Corneille ya que, en su obra *Pensamientos*, sólo hace mención a tres poetas, entre los que se encuentra éste, además de Homero y Marcial.

Estancia en Rouen. La *pascalina*

Son de resaltar los comentarios con los que Attali resume al Pascal de esta época, que tiene dieciocho años; es "*[...] la edad en la que los niños prodigio se desengañan, se rebelan contra lo que se les ha enseñado, se enferman en un autismo del que nadie puede hacerles salir o se resignan a ejercer una profesión bajo las órdenes de personas menos dotadas que ellos [...]"*. Pero en el caso de Pascal, *"[...] ninguna rebelión contra su padre, ningún oficio obligado, nada de resignación"*. Presenta *"[...] una aptitud para responder a las cuestiones más difíciles, para pensar con libertad, para escribir de la forma más simple"*.

Étienne Pascal ejerce mientras tanto su oficio, tarea desagradable, de recogida de impuestos, algunas veces incluso por la fuerza. Pero se ha convertido en un personaje importante y fiel a Richelieu: vive en una gran mansión con sus tres hijos y la gobernanta Delfaut, además de un sobrino suyo, Florin Périer, consejero en la corte de Clermont, que Étienne ha invitado a venir para que le ayude en sus tareas, sobre todo en lo relativo al cobro de impuestos y que posteriormente casará con Gilberte en junio de 1641. El matrimonio seguirá viviendo en la casa paterna. Por su parte, Blaise también colabora con su padre en la realización de los cálculos que este último ha de realizar diariamente.

Correspondiendo a esta época, Gilberte nos ha dejado escrito sobre su hermano: *"mi padre le hablaba de lógica, de física y de otras partes de la filosofía. Pero él no se apercibía de que estas grandes y continuas aplicaciones del espíritu en una edad tan delicada podían interesar mucho a su salud"*. En efecto, Marguerite Périer nos dirá más tarde que en ese tiempo *"comienzan sus dolores de cabeza, estómago y dientes; se encuentra paralizado de cintura para abajo, sus pies están fríos como el mármol"*. Sus hermanas se inquietan; pero Blaise es duro para el dolor; por su casa desfilan todos los médicos de Rouen, pero no se encuentra el remedio. Attali se admira de la coincidencia de los ataques enfermizos de Pascal cada vez que se da la ocurrencia de un acontecimiento no esperado en el seno familiar: de pequeño, presenciar el abrazo de sus padres, en esta ocasión el matrimonio de su hermana mayor, más adelante el retiro de su hermana pequeña en el convento.

Pascal se queda en Rouen con su hermana menor cuando Gilberte y su marido han de viajar a Auvernia dado que Florin debe volver a ocupar su cargo en el Parlamento. Dejan en casa del abuelo un pequeño que había nacido a finales de 1642. Esta vez los problemas de salud de Pascal no aparecen: está absorbido en la construcción de una máquina de *pensar* con la que ayudar a su padre en las tareas para calcular el monto de los impuestos de todos los habitantes de Normandía. Este hecho coincide casi en el tiempo con la marcha de este mundo de Richelieu, en diciembre de 1642, y del rey, en mayo de 1643.

Jacqueline continúa componiendo versos: envía un soneto a la reina Ana de Austria durante la agonía de su esposo el rey, el titulado *Sur la guérison apparente du Roi* y luego otro después de su muerte, *Sur la régence de la Reine,* en el que es probable que la joven adivinara la penumbra que, de nuevo, podría acontecer en su vida familiar: Mazarino, el nuevo ministro sucesor de Richelieu, estaba agudizando la vida francesa con nuevas subidas de impuestos y las consiguientes revueltas, lo que podría entorpecer la felicidad de los Pascal. En su alma también aparecen desengaños, sensaciones nuevas. Nos han dejado escrito que *"ella sabía que si se la dejara expresar la fuerza y la dulzura que siente dentro de sí, podría darle celos, por sus éxitos, a los reyes más grandes"*. Sabe que su sitio no está ni en la corte ni en los salones; amanece en ella otra idea que no comunica nada más que a su amiga Judith, joven protestante con la que se encuentra las tardes que no está con su hermano.

En casa, la familia escribe, reflexiona, investiga y lee. Blaise ha sucedido a Florin ayudando a su padre en la administración fiscal y los cálculos consiguientes. Acompaña a su hermana a casa de Corneille y también a una representación en Rouen dada por Jean-Baptiste Poquelin, *Molière*, en 1643. Algunos biógrafos hablan de un pretendiente para Jacqueline; pero Blaise se opone y convence a su hermana de que su sitio está en casa, con él y el padre de ambos.

Victor Cousin, en su obra *Jacqueline Pascal,* editada en París en 1845, deja entrever que Blaise y Jacqueline se intercambiaban versos con palabras de amor, cosa rara porque de haber sido así, como dice Attali, Blaise hubiera sabido hablar del amor. Más tarde, Jacqueline escribe los versos *Consolation sur la mort d'une huguenote* a la muerte de su amiga Judith en 1645, acontecimiento que le supone una auténtica desolación.

Pascal comienza a pensar en un diseño de máquina aritmética cuando encuentra a un padre inmerso en cálculos incesantes y complicados: debe atender a la administración de mil ochocientas personas, lo que conlleva una enorme cantidad de sumas y multiplicaciones y, al final, como exige la administración francesa, expresar los resultados en números romanos. Los errores se castigan. Será necesario, piensa Blaise, automatizar el cálculo de los impuestos, la suma y la multiplicación, primero de números de seis cifras, luego de ocho. Habrá que diseñar ruedas dentadas semejantes a las usadas en relojería; habrá que tener en cuenta el paso de cada unidad de un orden al orden inmediatamente superior, las unidades *llevadas.*

En un principio, la máquina no excita nada más que la curiosidad porque es cara y complicada, tanto que Blaise realiza entre los años 1642 y 1644 más de cincuenta modelos diferentes. Padre e hijo hacen un viaje a París con el fin de presentar la máquina en la academia de Mersenne, donde son aplaudidos. En febrero de 1644, Étienne consigue presentar un ejemplar de la máquina de seis ruedas, logro de su hijo, a Enrique II de Borbón, padre del futuro *Grand Condé.*

Tendremos ocasión más adelante de profundizar en el diseño de este invento de Pascal, así como de su funcionamiento y de los problemas acaecidos para lograr su patente.

La religiosidad de los Pascal

Una de las preocupaciones que Pascal tuvo casi toda su vida, una vez pasada la juventud, era Dios. Varios amigos de la familia influyeron en Blaise: los hermanos Deschamps, señor de las Landas uno y señor de la Bouteillerie el otro, piadosos médicos y cirujanos y a la vez santones y predicadores que vivían en la región como nobles; el profesor de filosofía y también predicador, Jean Guillebert, cura de la parroquia de Rouville, villa cercana a Rouen, director espiritual de los Deschamps, convertido por Duvergier de Hauranne (1581-1643), abad de Saint-Cyran y conocido, se decía, como un teólogo excepcional que habría renovado esa teología al entrar en contacto con el obispo belga Jansenio. Mucha de la gente que escuchaba a este último también se *convertía*, es decir, pasaba de una práctica tibia a un cristianismo austero. Y esto fue lo que le pasó a la familia Pascal. Étienne les decía a sus hijos, "*... es necesario pensar en la eternidad que sigue a la muerte...*". Es así como la familia entra en contacto con el *jansenismo* que ya practicaban los piadosos médicos.

Todas las biografías de Pascal cuentan un hecho sucedido a su padre y que tiene relación con los Deschamps. Una tarde de hielos en el invierno de 1645, Étienne Pascal debía acudir a un duelo del que era testigo. No podía utilizar su carroza por carecer de las herraduras para el hielo con las que dotar a sus caballos. Al caminar, cae y se rompe una pierna. Su curación corrió a cargo de los hermanos Deschamps, que permanecieron a su lado tres meses. Esta permanencia en casa de los Pascal fue el origen de que los dos hermanos quisieran ganarlos, a ellos y a todos los visitantes que pasaban por allí, para una vida profundamente cristiana.

Por recomendación de los Deschamps, Étienne y su hija comienzan a leer la obra de Jansenio, *Discours sur la réformation de l'homme interieur*, la de Arnauld, *De la fréquente comunión*, así como *Lettres spirituelles* y *Le Cœur nouveau*, ambas de Saint-Cyran. En ellas descubren una forma de vida que supone una renuncia a todo lo que no esté basado en la fe, encontrando una paz interior que antes no habían sentido.

¿Y cuál era la actitud de Blaise Pascal frente a estos cambios espirituales de su familia? En principio, no se interesaba por las discusiones que su padre mantenía con los Deschamps. Simplemente sentía una cierta curiosidad intelectual ya que, para él, la fe era algo natural, de la que no dudaba ni le planteaba problema alguno. En Pascal, el matemático seguía siendo inseparable del hombre piadoso. Más impactada estaba su hermana Jacqueline, quizá porque quería escapar de su padre y de su hermano, porque comenzaba a no confiar en las discusiones de los *salones* en los que apenas le había sido permitido entrar, o porque deseaba tomar la revancha a su padre y hermano, que le habían impedido llegar al matrimonio. Sobre este estado, todavía tendrá una nueva ocasión en 1646. Se trataba de un consejero del Parlamento de Rouen. Su padre accede, pero no su hermano, que una vez más cae enfermo y la anima a descubrir la doctrina jansenista y, en todo caso, consagrarse a Dios a través de ella. Jacqueline piensa entonces tomar los hábitos de alguna orden, pero eso también sorprende a Blaise, porque su verdadera razón es que no quiere separase de su hermana. Pascal convencerá una vez más a Jacqueline para que permanezca con su padre y con él, y se alegra de conseguirlo, pero esa permanencia no durará mucho tiempo.

Muchos estudiosos y comentaristas de la vida de Pascal, sobre todo los que vivieron en las tres pasadas centurias, señalan este encuentro con los hermanos Deschamps como el arranque de una nueva forma de vivir y actuar del genio: es la fecha de lo que ha venido en llamarse de la *primera conversión*. Aunque los más modernos, entre ellos Attali, no le conceden ninguna seriedad a la opinión de que Pascal abandonara toda actividad científica en beneficio de la teológica a partir del citado encuentro.

Investigación sobre el vacío y primera disputa teológica

Étienne Pascal conocía de París al físico, intendente de fortificaciones e ingeniero del rey, Pierre Petit. Durante un viaje que este hizo a Dieppe en el verano de 1646 para observar los restos de un navío hundido debido a una explosión en la rada del puerto, se detuvo en casa de los Pascal en Rouen. William Stewart se refiere a este ingeniero y a la invención de un tal Jean Pradines de un tipo de campana mediante la cual era posible descender y *"permanecer bajo el agua seis horas con una candela encendida"*. Como otras veces, Blaise tiene la oportunidad de escuchar y discutir sobre este invento con su padre y con Petit durante la corta permanencia de éste con ellos, haciéndose preguntas tales como cuál sería la causa por la que el agua no penetraba en la campana o a qué profundidad podría descenderse sin que la presión del aire aumentara demasiado. Es Petit quien les cuenta cierta experiencia realizada por un italiano, del que desconocía su nombre, relacionada con este invento. Había sido Mersenne el que le había hablado del fenómeno a Petit: se trataba del experimento de Torricelli.

Varios entendidos de la época estuvieron relacionados con el fenómeno del vacío. Galileo sabía que las bombas aspirantes podían elevar el agua sólo hasta cierta altura. En 1643 era su sucesor Torricelli el que experimenta con mercurio en tubos cerrados, experiencia que pone en conocimiento del padre Mersenne en 1644. Pero nadie da las verdaderas razones por las que el mercurio descendía por el tubo dejando una parte libre en la zona superior. Será Pascal quien dará y demostrará las auténticas razones: el aire pesa. El peso del aire le sirvió a Leonardo da Vinci para diseñar la primera máquina capaz de volar. Volveremos más adelante con la experiencia completa sobre el vacío dirigida por Blaise Pascal. Padre e hijo habían prometido a Petit seguir con ella a su vuelta de Dieppe.

En 1647 tiene lugar otro acontecimiento que nos revela el sentir religioso de los Pascal. A primeros de febrero Blaise y su padre son invitados, junto con otros amigos, a la casa de Raoul Hallé de Monflaines, consejero del rey. Allí conoce al teólogo capuchino Jacques Forton, en religión, hermano Saint-Ange. Tiene lugar la presentación de su libro *Alliance de la foi et du raisonnement* (*Alianza de la fe y del razonamiento*), en el que intenta buscar y encontrar un fundamento científico para la fe cristiana rehusando reconocer la autoridad de la tradición, la inutilidad de la revelación y de la gracia, búsqueda que no tiene por qué constituir un acto sacrílego: *"Dios no obra nunca sin razones [...], y debe ser posible descubrir la razón de todas las cosas, entre ellas la de los dogmas de la Trinidad y de la Encarnación".* Son frases de Attali con las que representar el sentir teológico de Forton.

Pascal no está en absoluto de acuerdo con esas aseveraciones disconformes con su fe tradicional y, junto con Hallé de Monflaines y otros amigos, denuncia a Forton al obispo de Belley, monseñor Camus que, después de examinarla, rechaza la acusación. Pascal se enfurece y reclama la intervención de monseñor de Harlay, arzobispo de Rouen. Definitivamente se abre el proceso, al que Pascal acude como testigo. El monje se retracta diciendo que nunca había querido poner en duda los dogmas. Se reconoce su buena fe y se pone fin al asunto. Según otro de los comentaristas de la vida de Pascal, la filósofa Alicia Villar, "*[...] este suceso resalta el carácter apasionado de Pascal, su intransigencia y fanatismo al atacar convicciones diferentes a las suyas".*

En la primavera de este mismo año, 1647, Blaise sufre más que nunca de alteraciones estomacales y de violentas migrañas. Su hermana Gilberte nos ha dejado escrito a este propósito, que "*[...] mi hermano tenía entonces veinticuatro años; sus incomodidades habían aumentado mucho y llegaron hasta el punto de que no podía tragar ningún líquido a menos que estuviera caliente, e incluso no podía hacerlo nada más que gota a gota. Pero como él tenía además de eso un dolor de cabeza insoportable, un calor de entrañas y muchos otros grandes males, los médicos le ordenaron purgarse cada dos días durante tres meses [...]. De manera que los médicos creyeron que para restablecerlo completamente era necesario que renunciara a toda ocupación de espíritu que precisara cualquier continuación y que buscara todas las ocasiones de divertir su espíritu en cualquier cosa que pusiera en práctica y que le fuera agradable, es decir en una palabra, en conversaciones ordinarias del mundo; pues no había otras distracciones convenientes para mi hermano".*

Buscando la mejoría de Blaise y como las finanzas de Rouen estaban en orden para Étienne Pascal, éste envía a Paris a su hijo, acompañado de su hermana Jacqueline y de la gobernanta Delfaut. Se instalan en la casa que aún mantenían en la calle Brisemiche. Pascal se siente feliz pues, entre otras cosas, tendrá a su hermana para él sólo.

Nueva estancia en París. El encuentro con Descartes

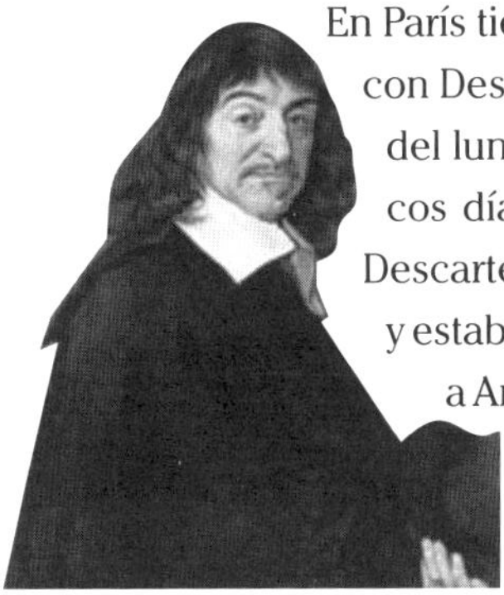

René Descartes, por Frans Hals (Museo del Louvre, París).

En París tiene lugar el encuentro de Blaise Pascal con Descartes. Sucede a las diez de la mañana del lunes 23 de septiembre de 1647, a los pocos días de la llegada de Blaise a la capital. Descartes había regresado de un viaje a Suecia y estaba en Paris con el plan de viajar de nuevo a Amsterdam. Los biógrafos lo califican como *el encuentro entre los dos gigantes del Gran Siglo.*

René Descartes ya tenía referencias de Pascal: había oído hablar de él a los sabios del momento: Mersenne, Desargues, Roberval y al mismo Petit. Se sentía intrigado por lo que se decía de Pascal, mucho más joven que él: como geómetra, como inventor de una máquina aritmética, como investigador del vacío.

Port-Royal-des-Champs
Port-Royal de París

Ya nos hemos referido a la primera abadía de Port-Royal, situada en una zona salvaje y pantanosa del valle de Chevreuse, conocida con la palabra antigua francesa Porrois. Se trata de Port-Royal-des-Champs, abadía fundada en 1204 y que fue el principal centro difusor del jansenismo en el siglo XVII. El papa Honorio III autoriza a esta abadía cisterciense, como a todas las de su clase, a recibir seglares que desean retirarse a la vida monástica pero sin hacer profesión de votos. Este enclave se ve altamente influido por la familia Arnauld muy a finales del siglo XVI: Antonio Arnauld primero y después sus hijas Jacqueline, de nombre religioso madre Angélica, *y su hermana Juana,* madre Agnès de San Pablo *que llegarán a ser superioras del convento.*

Perspectiva de la abadía de Port-Royal-des-Champs. Pintura anónima del siglo XVIII conservada en el Musée de Port-Royal des Champs.

De esta abadía no queda actualmente nada más que un palomar, una dependencia llamada Les Granges, algunos restos de cimientos y, eso sí, una atmósfera rica en evocaciones y recuerdos. Sus religiosas fueron expulsadas en 1709 y dos años más tarde destruidos sus muros. El lugar fue propiedad de la Societé de Port-Royal que hizo donación del mismo al estado el 13 de septiembre de 2004.

En 1625, las dos hermanas Arnauld trasladan la abadía a París, Port-Royal de París, lugar que, sin dejar de ser lúgubre, resultaba más sano que el recinto del valle. Estaba situada en el Fouburg Saint-Jacques, en el antiguo palacio de Clagny que compra Catherine, madre de las hermanas Arnauld, quien también corre con los gastos del traslado. Hoy día aún se conservan la iglesia, en cuyo presbiterio se encuentra la tumba de la madre Angélica, y el claustro adyacente, todo ello dentro del recinto ocupado por la Maternidad de Port-Royal y la clínica Baudelocque, construcciones muy próximas al observatorio de París. En el actual Boulevard de Port Royal 123, calle por la que tiene entrada la maternidad, se encuentra una placa donde reza que esa "maternidad ha sido instalada en 1814 en la antigua abadía de las religiosas de Port-Royal".

Allí la hermana Angélica convive con doce personas más pero se encuentra tan a disgusto que, en algún momento, decide marcharse, pero es retenida por su padre que consigue para ella, como ya se dijo, el título de abadesa. En esta nueva abadía tomaron los hábitos todas las hermanas de la madre Angélica.

El 13 de mayo de 1648, el mismo día que estalla la Fronda, la madre Angélica regresa con siete religiosas a Port-Royal-des-Champs después de haber pasado veinticuatro años en la abadía de París. A sus cincuenta y seis años vuelve a encontrarse en ese lugar con los recuerdos de su infancia. Los dos conventos forman una sola unidad, una sola abadía, por decisión del propio arzobispo de París.

Descartes vivía en la calle *Neuve-Saint-Étienne-du-Mont*, actualmente calle *Rollin*, en un barrio situado en la parte posterior del *Panteón.* Su plan era que Pascal le visitara en su domicilio, pero éste no accedió; se sentía aún lo suficientemente mal para no decidirse a salir de su casa. Así nos comenta Attali estos hechos: *"Descartes, furioso por lo que él considera un exceso de suficiencia, decide primero quedarse en su casa pero, la víspera de su partida, hace el esfuerzo de visitarle, él, el más importante filósofo vivo de toda Europa va a la casa de un "bricolador" de veinticuatro años".*

La visita se produce en presencia de Jacqueline y de Roberval. Descartes le hace preguntas sobre su enfermedad, quizás para estar seguro de que no le ha mentido, de que no haya sido una excusa para no acudir a su domicilio. Pascal no entra en la cuestión: no le gustaba lamentarse delante de un extraño a pesar de que Descartes, que se consideraba también médico, le aconseja reposo y tomar caldos.

Durante la reunión, que duró unas tres horas, Pascal le muestra su máquina aritmética y la jeringuilla que empleaba para hacer el vacío. Es de suponer que Descartes ensayó la máquina. Roberval pregunta al sabio cómo explica el experimento de Torricelli sobre el vacío, a lo que contesta con un razonamiento oscuro. Les comenta que el vacío no existe y que el tubo del experimento, en su parte superior, está lleno de una *materia sutil* que se encuentra en el aire y que ha penetrado en el tubo mediante *movimientos circulares.*

Pascal está atento a las hipótesis de Descartes pero piensa que las razones no son las correctas, las toma como *una novela de la naturaleza.* Tanto es así que más tarde Pascal comentará que las ideas de Descartes sobre el vacío son un ejemplo claro de hipótesis absurdas mantenidas sobre la evidencia. Por el momento, Blaise no puede demostrarle nada ni contradecirle porque se encontraba en la etapa de reunir pruebas y experimentar con ellas. Es Roberval quien responde en su lugar y parece ser que entrando en una acalorada discusión con Descartes. En cualquier caso, éste se siente fascinado por el joven y sus silencios y decide volver a visitarle al día siguiente por la mañana antes de partir para Holanda.

Al mes siguiente de esta visita, en octubre de 1647, Pascal publica con su nombre y la ayuda del librero Pierre Margat, *Expériences nouvelles touchant le vide* (*Nuevas experiencias respecto al vacío*). En este tratado se recogen ocho experimentos realizados con jeringuillas y sifones. Volveremos a tratar el tema del vacío y describir con más detenimiento las experiencias de Pascal, no sólo en este campo en particular sino en el del equilibrio de los líquidos en general.

A partir de 1648, Blaise acompaña con frecuencia a su hermana Jacqueline a Port-Royal debido, entre otras razones, a la amistad que entabla con el padre Antoine Rebours, nuevo confesor del convento, con el que puede discutir no sólo de religión, de fe, sino también de ciencia y tecnología. En contra de la opinión de muchos estudiosos, Blaise nunca consideró a este personaje como su director de conciencia, como su padre espiritual; siempre rechazó la idea de tener uno.

Por una carta que escribe a su hermana Gilberte el 26 de enero de 1648, conocemos algunos detalles de la primera conversación mantenida con Rebours: *Yo le dije después que pensaba que se podía, siguiendo los mismos principios del sentido común, demostrar muchas cosas que los adversarios* [de Jansenio] *consideraban en contraposición con aquél, y que el razonamiento bien conducido llevaba a creer en ella* [en su teología] *aunque sea necesario creerla sin la ayuda del razonamiento.* Rebours le contesta que *"el deber de todo cristiano es creer sin la ayuda del razonamiento"*. La discusión continúa. Pascal se revela y añade que *él se expresa mal; no ha querido decir que piense, como Descartes, que la ciencia puede probar la existencia de Dios, sino solamente que la fe no es en absoluto contraria a la razón y que si sobrepasa a la razón, debe, como ocurre en física, someterse a las experiencias, es decir, a los hechos aunque fueran incomprensibles para la razón; es únicamente la autoridad la que nos puede aclarar [...] porque ella es inseparable de la verdad y nosotros no la conocemos más que por ella".*

En esta entrevista queda patente la tozudez, la rigidez y el aire imperioso que Pascal patentizaba en sus razonamientos, correspondieran a la fe o a la ciencia. Se sentía seguro y en posesión de la verdad. Eso es lo que nos advierte Ana Jáuregui en su trabajo ya mencionado. Además, Rebours llega a poner en duda la conversión de Pascal ya que claramente éste no renunciaba a las ciencias, es decir, a las matemáticas y a la física, ni tampoco a humillarse y orar en lugar de sentirse curioso por los temas teológicos.

El año 1648, en el que estamos situados, fue rico en acontecimientos relacionados con la vida de Pascal. Además del encuentro y conversación mencionados en la carta, en abril envía otra misiva a su hermana Gilberte sobre temas religiosos y especialmente comentando el opúsculo de Saint-Cyran, *De la vocation*. El primer día de septiembre muere el padre Mersenne, dejando su academia al frente del cómico Santiago Le Pailleur y el 19 del mismo mes tiene lugar un experimento sobre el vacío realizado por su cuñado Florin Périer en el Puy-de-Dôme (Auvernia) bajo el control y asesoramiento de Pascal desde París, cosa que le había solicitado hacer un año antes. El resultado de la prueba se publica en octubre con el título *Relato del gran experimento del equilibrio de los líquidos* (*Récit de la grande expérience de l'équilibre des liqueurs*). Pascal repite la experiencia en París, concretamente en la torre Saint-Jacques, conocida en aquellos tiempos con el nombre de Saint Jacques-de-la-Boucherie.

Influencia de Port-Royal en los Pascal. Más traslados de la familia

El 16 de mayo de 1648 el padre de los Pascal, en ese momento ya jansenista convencido, hace un viaje relámpago a París desde Rouen. Blaise le había advertido de las intenciones de su hermana Jacqueline de tomar los hábitos en Port-Royal. Era una decisión que no gustaba en absoluto a su hermano ni tampoco a su padre.

Blaise y su hermana vivían solos en París. Disponían, eso sí, de la ayuda y presencia de la señora Delfaut. Entre ellos se crea *un solo espíritu*. Lo hacen todo juntos: estudiar, leer, escribir, discutir de teología... Ello motiva que el ensayista Goldman concluya que formaban una especie de *matrimonio*. Blaise acepta en todo momento la autoridad de Jacqueline, que es quien decide todo, y lo único que no soporta es la intención de su hermana de apartarse de él.

En el encuentro con sus hijos en París, Étienne Pascal se niega a ver vestida de hábitos a su hija y culpa a Blaise de haberle concedido tanta independencia. Sin embargo, Jacqueline disculpa a su hermano y expresa ante su padre su propio deseo y decisión de casarse con Cristo. En la discusión, situación descrita por algunos como dramática, parece que los tres lloraron y que Étienne imploró a su hija que pospusiera la toma de hábitos hasta después de su muerte: tenía el sentimiento de que ya nada le retenía ni en Rouen ni en este mundo. Padre e hija llegaron a un pacto y Étienne, aliviado, regresó a Rouen al día siguiente. Madame Delfaut quedaba encargada de informar al padre de los planes e intenciones de sus dos hijos.

Lo mismo que hiciera la madre Angélica, los *Señores de Port-Royal* ,conocidos como *los solitarios*, también cambian de residencia desde París a Port-Royal-des-Champs. A ellos se deben los numerosos trabajos llevados a cabo en la abadía para su rehabilitación. Constituían un grupo de jansenistas laicos, austeros y deseosos de vivir su fe retirados del mundo y fuertemente marcados por la teología agustiniana. Se habían instalado en una de sus dependencias pero sin entrar nunca en el interior del convento a no ser para asistir a la misa. Estaban dedicados al trabajo, a la lectura y al estudio. Monseñor de Gondi, arzobispo de París y futuro cardenal de Retz, bajo cuya jurisdicción estaban los dos conventos de Port-Royal, asiste a la inauguración y consagración del nuevo lugar de culto diseñado y construido por *los solitarios* con financiación externa de personas piadosas y adineradas de París. Era el 7 de junio de 1648. Blaise y Jacqueline asisten también y ambos quedan impresionados por *"la serenidad mística, la triste dulzura y la indecible melancolía del lugar"*.

En el mes de julio, Jacqueline, inducida por la madre Agnès, pretende hacer un retiro en el convento de Port-Royal de París. Por carta, pide permiso a su padre y éste se lo deniega, recordándole la promesa hecha en fechas aún recientes, aunque Jacqueline argumentaba, entre otras cosas, que contaba con el apoyo de su cuñado Florin Périer, de su hermano y del ama de llaves.

A principios de octubre de 1648 Étienne Pascal regresa de nuevo a París desde Rouen. Esta vez la vuelta será definitiva. La razón se debía a que la situación política en toda Francia seguía deteriorándose, una vez más, a causa de los impuestos y a la reciente explosión de la Fronda. Se había decretado la supresión de los intendentes y ese era el caso y cargo del padre de los Pascal. Éste se instala en la calle *Brisemiche* de la capital y se convierte en un particular más. Blaise sufre por la situación de su padre, que tanto ha trabajado para el estado. Comienza a vislumbrar una obra sobre la condición humana, los *Pensamientos*.

Blaise y Jacqueline, jóvenes de 25 y 23 años, y su padre viven confinados en su domicilio. La hermana borda, reza y su único tema de charla es la teología, sale para ir a la iglesia siempre vestida de negro; el padre se aburre, tiene muy pocas perspectivas de encontrar un nuevo empleo y es consciente de que su hija sólo espera su muerte para recluirse en el convento; Blaise, siempre en perfecta sintonía con su hermana menor, trabaja en un *Traité de la génération des sections coniques,* que hoy se encuentra casi todo perdido a excepción de algunos resúmenes que fueron conservados por Leibniz. Pero al mismo tiempo, también sigue dedicado a la fe y a la religión y por ello lee el *Traité* de Jansenio, estudia al jurista, filósofo y ensayista Montaigne y al filósofo estoico griego Epicteto y descubre a santo Tomás de Aquino. Pero además de todo esto no olvida sus experimentos sobre el vacío.

Jacqueline consigue al fin el permiso de su padre para realizar el tan ansiado retiro de algunas semanas en Port-Royal de París. Así se lo hace saber Jacqueline a su hermana mayor Gilberte a finales de octubre. La fecha de tal retiro coincide con el momento del traslado, 15 de enero de 1649, de los Pascal a una nueva casa cerca del Marais, calle *Touraine*. Actualmente estaría ubicada en el número 13 de la calle *Saintonge*. Es necesario reducir gastos. El retiro durará hasta el verano de 1649 pero Jacqueline no piensa en otra cosa que no sea en volver al convento. Lo sabemos por las confidencias que tiene con su hermana mayor.

El tiempo vivido en el nuevo domicilio será más bien corto. El padre decide que lo mejor para todos ellos es reunirse, aunque sea temporalmente, en Clermont-Ferrand, en casa de su hija. De esa manera se liberan de la vida tortuosa y violenta de París y Jacqueline puede que tenga la oportunidad de *olvidar* su vocación. La partida para Auvernia se hace al regreso de Jacqueline a casa desde el convento.

La estancia en Clermont parece alejar a los dos hermanos. Jacqueline, que sigue en su idea de profesar, mantiene una amplia correspondencia con la madre Agnès pidiéndole consejos y rogando a Dios para que le de paciencia y perseverancia. Una de las causas del alejamiento entre los hermanos será que Blaise encuentra allí a Jean Domat que había sido alumno de un antepasado suyo, el jesuita padre Sismond, con quien tiene la oportunidad de seguir hablando de religión y de teología, lo que contribuye a convertirlos en amigos inseparables. Domat ejercerá una fuerte influencia en Pascal en sus últimos años de vida. No obstante, Blaise sigue interesado por la ciencia y aunque desea volver a París cuanto antes, no por ello olvida sus experimentos en el Puy-de-Dôme. También es posible que, en el tiempo posterior a la explosión de la Fronda producida en el mes de enero, y siempre según los escritos de su hermana Gilberte, Pascal hubiera aprobado tal revolución e incluso que le hubieran ofrecido un papel político en la misma que finalmente rechazó.

Coincidiendo con las revueltas en varias zonas de Francia como Borgoña, Normandía y Provenza, los Pascal regresan de nuevo a París; fue a finales de año, en noviembre de 1650. Pascal se siente feliz porque tendrá la oportunidad de seguir con sus trabajos y sus experimentos. No piensa más que en ellos. Su carácter está denunciando cambios: ya no es el joven obediente y afectuoso de los tiempos de Rouen y rehuye a su padre y hermana que tanto le aman. Jacqueline, por su parte, enclaustrada en el domicilio, no olvida Port-Royal. Y el padre, que hubiera querido permanecer en Auvernia, pero que al mismo tiempo no quiere abandonar a sus dos hijos, espera sólo la muerte.

3 El Pascal mundano

Muerte de Étienne Pascal

El período que comienza en noviembre de 1650 y finaliza cuatro años más tarde, en noviembre de 1654, es considerado por muchos de los biógrafos más destacados de Blaise Pascal como los años de la diversión y del amor, de una vida en la calle, en los salones y en la corte. Desde luego fueron los años del azar: en este período Pascal inventa el cálculo de probabilidades y descubre los principios del cálculo infinitesimal e integral. Otros biógrafos atribuyen a este período sólo dos años; su hermana Gilberte asegura que estos *desórdenes* en la vida de su hermano únicamente duraron medio año.

Independientemente de cuál fuera la duración, lo que parece cierto es que Pascal quería salir de la soledad de su casa, del entorno de su padre, virtualmente muerto, y de su hermana; aspiraba a vivir y a agradar a las mujeres y, a la vez, según leemos en Attali, *"a responder a todos los desafíos de la inteligencia y a los enig-*

mas de todas las esfinges". Es curioso que después de su muerte, sus primeros biógrafos pretendan ocultar y hacer olvidar ese período mundano y reducir sus flaquezas a un corto paréntesis en su vida.

En medio de la desolación que se respira en la casa de los Pascal, Blaise comparte cada vez menos sus emociones y pensamientos con su hermana; huye de esa atmósfera y prefiere encontrar a sus amigos en la academia de Mersenne, pasear por las calles y acudir a los salones; hablar de billar, de caza y de baile. Contacta con Madame de Sévigné y con Madame de la Fayette; la duquesa de Longueville, prima del rey, le acoge como a un hijo; lo consideran un muchacho guapo y buen orador. También se reencuentra en esos salones con el duque de Roannez, tres años menor que él y quien, a la muerte de Pascal, mantendrá el recuerdo de su amigo encargándose de reunir y publicar muchos de sus manuscritos. Su hermana Gilberte está al corriente de este cambio en la vida de Blaise por las cartas que le escribe Jacqueline desde París. Y no le agrada lo más mínimo este comportamiento. En la biografía de su hermano escribe: *"Fue el tiempo de su vida peor empleado: pues, aunque por la misericordia de Dios, estaba preservado de los vicios, al fin, es siempre el aire del mundo el que es bien diferente del Evangelio. Dios que le demandaba una mayor perfección no quería dejarle allí mucho tiempo y por ello se sirvió de mi hermana para retirarse".*

Contacta con otros muchos personajes, lo leemos en sus biógrafos: Miton, enigmático y elocuente y jugador apasionado; Antoine Gombaud, caballero de Méré, gran seductor, que habla latín, griego, español e italiano y es frío en materia religiosa.

Como ya hemos comentado, 1651 es el año de la salida de Francia de Mazarino y de la mayoría de edad de Luis XIV. El cardenal regresaría en enero de 1652. En este contexto histórico Blaise está ocupado en demostrar que su trabajo y experiencias sobre el vacío eran originales y no había plagiado a nadie, ya que su cuñado Florín le advierte de una carta donde se asegura que la paternidad del hecho corresponde a un franciscano italiano, el padre Magni. Será también la ocasión de encontrarse con la ciencia y, una vez más, dar a luz a un nuevo invento, una nueva teoría matemática: el cálculo de probabilidades. Quizá se encuentra atraído por esa teoría y no ceja en su empeño de profundizar en querer convertir en *seguro* lo que sólo era probable, pues había comenzado a entusiasmarse con el juego de los dados.

Llegó el hecho triste de su vida aunque fuera esperado: el 24 de septiembre de 1651 muere el padre en su domicilio de París acompañado por sus dos hijos. Los amigos de la academia, los *Señores* de Port-Royal, Roannez, Miton y Méré, acompañan a Blaise y Jacqueline en las exequias del padre en el cementerio de Saint-Étienne-du-Mont. Su hermana Gilberte, que cuatro días más tarde daría a luz a un nuevo varón, sexto de sus hijos, no se entera del deceso hasta mediados de octubre. Esta vez es el propio Blaise y no su hermana quien redacta y le envía una carta a Clermont el 17 de ese mes. Todos los autores resaltan su importancia: la carta es de un tono muy cristiano y constituye un ejemplo de conformidad y consuelo ante la muerte. *[...] Si consideramos todas las cosas en Jesucristo, encontraremos toda la consolación, toda la satisfacción, toda edificación. Consideremos la muerte en Jesucristo, no sin Jesucristo. Sin Él, es horrible, detestable, un horror de la naturaleza.* También contiene, por primera vez en la obra de Pascal, ideas tomistas: *[...] Previsto y preordenado por Dios. [...] El horror de la muerte es natural, pero en estado de inocencia.* Sólo contiene un recuerdo personal para su padre: *Soy yo el que está más interesado. Si le hubiera perdido hace seis años, yo también me hubiera perdido y aunque crea tener ahora una necesidad menos absoluta, se que me habría sido aún necesario diez años y útil toda mi vida.*

Dos meses más tarde Jacqueline comienza a sentirse liberada de la promesa que había hecho a su padre y vuelve a encontrarse con la madre Agnès para poner a punto los detalles: los estados serán, primero postulante, novicia y por fin profesa. En el convento consideran que dada su cultura y sus ardientes deseos de llegar a la comunidad, el estado de postulante no tiene sentido y debe evitarse.

La herencia de los Pascal. Profesión de Jacqueline

A Jacqueline le preocupa ahora también la herencia, que ha de repartirse entre los hermanos, para ingresar su parte en Port-Royal. La madre Angélica le advierte de lo innecesario que será el dinero para el convento. Precisamente el tema de la herencia es una de las causas de distanciamiento, en esta época, entre Blaise y Jacqueline. Aunque realmente Pascal lo que ocultaba en el fondo de su corazón era su oposición a la entrada de su hermana en el convento.

Gilberte llega a París en diciembre de 1651 para comenzar con el reparto de la herencia de su padre. Los tres hermanos comienzan las conversaciones con unos notarios de Châtelet. El asunto tardará en arreglarse ya que la herencia se distribuía en tres partes, pero era un proindiviso y el papeleo que ello iba a producir llevaría un tiempo indefinido. Por otro lado, y según las leyes vigentes en Francia, del *Ancien Régime,* si Jacqueline entra en el convento, una vez convertida en novicia pasaría a ser considerada para la ley como una civil muerta.

Mientras Jacqueline le dice en secreto a su hermana que ha llegado la hora de profesar, Blaise está ocupado en hacer un nuevo traslado de domicilio, quizá para agradar a su hermana y que, una vez más, olvide el convento. El día de Navidad de 1651 salen de la calle *Touraine* para instalarse en la *Beaubourg*, alquilando una casa que pertenece a un rico financiero. Gilberte, Jacqueline y el ama de llaves, a la que Blaise le arreglará una pensión vitalicia, ayudan en la mudanza; la Navidad es triste y, según Attali, *"llena de silencios"*.

Unos días más tarde, el 4 de enero de 1652, Jacqueline prepara todo y después de advertir sólo a su hermana, sale de la casa, cruza París e ingresa en Port-Royal, donde todavía hoy quedan hermanas con su atuendo blanco, el velo negro y una gran cruz roja en el pecho. Había cumplido recientemente los 23 años. Allí conoce las reglas, los ritos y la vida conventual. La superiora es la madre Angélica, que ya contaba 59 años; la teología estaba bajo el control de Singlin y el confesor era Rebours; el pensador del movimiento es el hermano menor de Angélica y Agnès, Antoine Arnauld, el *Grand Arnauld*. Gilberte nos ha dejado escrito, a tenor de esa salida secreta de Jacqueline de la casa, esta frase dolorosa: *"No nos dirigimos ni siquiera un adiós por temor a conmovernos y le di la espalda cuando se disponía a partir"*.

Cuando Blaise descubre la ausencia de su hermana entra en un nuevo abatimiento que le produce convulsiones, dolores y parálisis. Aunque Gilberte comunica a Jacqueline el estado de Pascal, aquella no presta ninguna atención a los hechos: había pasado por situaciones semejantes a lo largo de su vida en común con su hermano. Jacqueline le invita a venir al convento para hablar con ella, pero sólo a través del locutorio. Le escribe en este período tres cartas, de las que no recibe respuesta. En la última le comunica su voluntad de celebrar sus *esponsales* con Cristo el 26 de mayo, domingo de la Santísima Trinidad, y convertirse en novicia con el nombre de hermana Jacqueline de Sainte-Euphémie. Le pide su consentimiento aunque no necesita su aprobación. Su decisión es ya firme; y le añade "[...] *no me arrebatéis lo que no sois capaz de darme. [...] Si no tenéis fuerza para seguirme, al menos no me retengáis"*.

Para Blaise el mundo será de nuevo su protección. No admite la soledad que se le avecina sin su hermana. Siente horror a vivir en el piso que había alquilado para los dos. Pasa los días y las noches con Roannez y con su hermana Carlota; visita a Madame de Sablé y a Madame Aiguillon, en cuyas casas imparte conferencias sobre el vacío y hace demostraciones de su máquina aritmética. A su hermana no la ve en cuatro meses, salvo en una ocasión en el despacho de los notarios.

Jacqueline tiene prisa por obtener su parte antes de convertirse en novicia. Propone a sus dos hermanos cederles la mitad de su dote a cambio de que ellos le avancen inmediatamente, antes de la liquidación definitiva, la otra mitad, para poderla aportar al convento, aunque, como ya se ha dicho, allí no le exigían dinero alguno. Gilberte y Blaise no aceptan esta propuesta: la primera, por razones económicas y el segundo porque no quería perder a su hermana. En algún momento se dará cuenta de la bajeza que entrañaba su decisión. Cansada de estas negociaciones y aconsejada por el convento, Jacqueline, en carta dirigida a su hermano el 26 de mayo de 1652, rehúsa a su parte de la herencia paterna y, como había anunciado, se convierte después en novicia. Profesará al año siguiente y supone que mientras tanto se arreglará el contencioso de la herencia.

Una vez más tomamos palabras de Attali: *"Blaise continúa divirtiéndose, dedicado a los juegos, a las conversaciones en los salones y tal vez frecuenta las mujeres. En todo caso, nunca hizo voto de castidad"*.

El trabajo notarial sobre el reparto de la herencia dejada por el padre ve su final en el verano de 1652, aunque restaban algunos detalles y, de nuevo, debemos volver a las fuentes de sus biógrafos: Blaise tiene la esperanza de que Jacqueline reconsiderará su decisión; Gilberte y su marido se oponen a que la herencia se reparta antes de la profesión de Jacqueline y ésta, en el convento, ignora estas maniobras de sus hermanos.

Blaise no acepta vivir en París sin la compañía de su hermana; ello le mueve a pasar una temporada en Poitou invitado por su amigo Roannez. Pero en noviembre de 1652 decide alejarse de sus amigos y viajar directamente a Auvernia, a casa de su hermana

Gilberte; el matrimonio Périer acababa de adquirir allí una nueva residencia, la *Bienassis*. Pasa con ellos el invierno y aprovecha para dedicarse a escribir sobre sus trabajos de física.

En este período de estancia en Auvernia tiene lugar un hecho preocupante para la familia: la hija de Gilberte y Florin, Marguerite Périer, comienza a sentirse mal de su ojo izquierdo. Marguerite era ahijada de Blaise. También se perfila la fecha para que Jacqueline de Santa Eufemia Pascal se convierta en novicia, cosa que anuncia a sus hermanos por carta: será para finales de abril de 1653. Incluso le propone a la madre Angélica profesar como hermana lega, sin hacer votos perpetuos, y encargarse de la cocina y otros menesteres, dadas las dificultades que se le plantean para acceder a la herencia. Florin le había advertido, una vez más, que pasarían muchos años antes de que finalizaran las gestiones con los notarios. En cualquier caso, su noviciado será muy breve.

En mayo de 1653, Blaise se entera por Gilberte que su hermana había caído enferma. Pone rumbo a París en carroza dejando a su familia en Auvernia inquieta y preocupada por lo que pueda hacer o decir a Jacqueline en relación con la discutida y esperada dote.

Durante el viaje Pascal ha tomado una decisión: no quiere seguir negándole a su hermana menor los derechos que tiene. Acaba por ver claro que la decisión de Jacqueline no tiene vuelta atrás. El 2 de junio llega a París, acude inmediatamente a Port-Royal y dice que va a entregar a su hermana el dinero que precise. Después de muchas discusiones con Singlin y con la madre Angélica, un acta notarial fechada el 4 de junio de 1653 adjudica a Jacqueline su parte de la herencia, una renta de 1500 libras y se compromete a entregarle un capital de 5000 libras el día de la liquidación de la herencia de su padre a condición de que Jacqueline le haga entrega, a cambio de ese capital, *durante su vida o a su viuda llegado el caso*, 250 libras por año. Todo ello está lejos de la estimación de su herencia que sería de unas 46000 libras.

Jacqueline hace sus votos y se incorpora definitivamente al convento el jueves 5 de junio de 1653. Blaise asiste a la ceremonia *oculto detrás de la reja, silencioso y con lágrimas en los ojos*. Regresa a su casa y pasa la noche llorando. Puede leerse en una carta de Antoine Arnauld, que considera su vida como *[...] un desierto, una prisión, un hospital y una imagen del infierno.*

A pesar de las desavenencias sobre la herencia sucedidas entre el matrimonio Périer y Jacqueline, un año más tarde Gilberte envía a sus dos hijas, Jacqueline y Marguerite, a Port-Royal de París para ser educadas al lado de su tía, a la vez que para cuidar la enfermedad del ojo de Marguerite.

La noche del memorial

Durante el verano del año 1653 Pascal continúa llevando una vida mundana de salones, juegos y mujeres cercanas a la corte. Sus encuentros con el aristócrata duque de Roannez y el resto de amigos siguen siendo muy frecuentes. En compañía de estos *libertinos* toma conciencia del *arte de agradar*, es decir, seducir, persuadir, penetrar en los espíritus. Según sus cronistas, ésta es una época de su vida en la que incluso contempla la posibilidad de casarse. La consideración de libertino en el siglo XVII era la de un hombre sin normas religiosas, un no creyente, un espíritu hábil, un libre pensador.

Vemos aquí el mejor lugar para reproducir las frases de Jacques Attali cuando, como biógrafo, se refiere a *los juegos del amor* de Pascal, en alusión a su narcisismo o a su posible carácter edípico. *"Se ha discutido hasta el infinito sobre si Pascal se enamoró o no. Ninguno de sus biógrafos se ha atrevido a comentar y decidir. Casi ninguno se atreve a hablar de relaciones sexuales. Sobre este tema aún hoy día nadie le acusa"*. La convicción de Attali sobre esta cuestión, basada en las pocas informaciones conservadas en los archivos, podríamos resumirla así: *"Pascal únicamente estuvo amorosamente apasionado por su hermana; al menos, una persona estuvo muy enamorada de él y ésta fue Carlota, la hermana de su amigo Roannez".* Cuando Jacqueline entra en el convento, Carlota tiene diecinueve años y Blaise veintinueve, pero éste ejerce una gran influencia sobre la joven. *"Ciertamente, él se imaginaba casado y rodeado de niños para satisfacer sus necesidades de bienestar y para poner celosa a su hermana Jacqueline. Todo lo demás son conjeturas".* Y Attali expone sus propios argumentos sobre todo lo que él nos dice basándose en las propias palabras escritas por Pascal: *"[...] La naturaleza nos tienta continuamente, la concupiscencia acucia con frecuencia; pero el pecado no se consuma si la razón no consiente".*

En cuanto a las relaciones con su hermana ya profesa, Pascal prueba a olvidarlas aunque le consume la nostalgia por ella, lo que deja patente cuando redacta sus *Pensamientos*. Se sumerge en la lectura de los *Ensayos* de Montaigne; frecuenta el teatro, especialmente el de Molière. Tampoco olvida ocuparse de la gestión de su patrimonio. Todo ello sin dejar de lado la física: es el momento de la redacción de los tratados, *Equilibrio de los líquidos* y *Peso de la masa del aire*, tratados que no aparecen publicados hasta dos años después de su muerte. No obstante, pasa a darle prioridad a las matemáticas y se dedica a descubrir los principios del cálculo integral, diversas teorías sobre números y a *inventar* el cálculo de probabilidades, manteniendo una activa correspondencia, en este último tema, con Fermat.

Así mismo algo empieza a cambiar en el espíritu de Pascal. A finales de 1653 y comienzos de 1654 toma conciencia del vacío que para su alma representaba su forma de vida. Incluso, en cierto modo, rechaza la investigación cuando dice que *a menudo, la curiosidad no es más que vanidad; no se quiere saber nada más que para hablar.*

A medida que aumenta su resignación por la marcha de Jacqueline, también aumentan sus deseos por no perderla. Ello le mueve a volver al convento, por primera vez después de pronunciar sus votos, en el verano de 1654. Y a partir de ahí, con mucha frecuencia. Se encuentra con ella a través del locutorio de Port-Royal. Le habla de su familia, de sus trabajos científicos, pero al final acaba por derrumbarse, de manera que Jacqueline se da cuenta de lo que su hermano estaba sufriendo. Se confiesa tibio para con Dios y sin el fervor de otros tiempos; tiene la impresión de que ya nada le retiene en este mundo.

Los encuentros se suceden pero están llenos de largos silencios entre ellos y, a veces, sólo de interminables monólogos por parte de Blaise. Manifiesta la necesidad de ponerse bajo la tutela de un religioso y hacer una confesión sincera. Esta actitud de Pascal, mezcla de orgullo y de arrepentimiento, será conocida por Gilberte gracias a las cartas que le envía su hermana Jacqueline. Ésta le aconseja una entrevista con Singlin, confesor de las monjas del convento. Singlin estaba al corriente del estado de ánimo de Pascal por Jacqueline, que cada día encontraba a su hermano un poco más en el camino de la gracia.

También se cuenta que este retorno hacia Dios se debe a un accidente que Pascal tuvo en el puente de Neuilly, paseando en carroza de caballos. Éstos cayeron al Sena, mientras que Blaise salió ileso porque la carroza quedó sostenida por el pretil del puente. Esto fue lo que hizo que dejara de pasear y naciera en él la necesidad del diálogo con Dios.

El día primero de octubre, Pascal se traslada a un nuevo domicilio, más cerca del convento de su hermana, a la calle de los *Francs-Bourgeois-Saint-Michel*. Corresponde a la actual calle *Monsieur-le-Prince*, número 54, muy cerca de la plaza del Teatro del Odeón y de los Jardines de Luxemburgo. Lee la Biblia, se olvida de comer y de lavarse y su obsesión es visitar a su hermana para hablarla y que ella le escuche. Una de esas visitas acontece el 21 de noviembre de 1654, pero su hermana no está para recibirle. En su lugar verá a

Singlin. Pascal habla sin parar y Singlin escucha: le recomienda retirarse a su casa sin recibir visita alguna para poder orar, meditar y leer la Biblia. Así hace y se queda sólo, despidiendo a su servidumbre. Emplea las horas en leer una Biblia que parece había pertenecido a su padre y que era una traducción hecha por teólogos jansenistas de Lovaina.

Pasan dos días; llega el 23 de noviembre y la jornada está a punto de acabar: son las diez y media de la noche. Blaise se siente desfallecer, se ve envuelto como de un fuego deslumbrador, su cuerpo flota. Comienza a escribir el siguiente texto, un memorial, que ha llegado hasta nosotros después de aparecer cosido, como otros escritos, a su vestimenta. Es la noche del éxtasis para algunos de sus biógrafos. El memorial viene precedido de una cruz.

✠

Año de Gracia de 1654

Lunes 23 de noviembre día de San Clemente, papa y mártir y otros del Martirologio.

Vísperas de San Crisógono mártir y otros.

Desde cerca de las diez y media de la noche hasta cerca de las doce y media.

Fuego

Dios de Abraham, Dios de Isaac, Dios de Jacob, no de los filósofos ni de los sabios.

Certidumbre. Certidumbre. Sentimiento. Alegría. Paz.

Dios de Jesucristo.

Deum meum et Deum vestrum

Tu Dios será mi Dios.

Olvido del mundo y de todo lo que no sea Dios.

No se puede encontrar más que por las vías enseñadas en el Evangelio.

Grandeza del alma humana

Padre justo, el mundo no te ha conocido, pero yo te he conocido.
Alegría, alegría, alegría. Llanto de alegría.
Yo me he alejado.
Dereliquerunt me fontem aquae vivae.
Dios mío, ¿me abandonaréis?
Que yo no sea rechazado eternamente.
Esta es la vida eterna, que te conozcan sólo a Ti verdadero Dios y el que Tú has enviado, Jesucristo.
Jesucristo.
Jesucristo.
Yo me he apartado. Yo le he huido, negado, crucificado.
¡Que yo no sea jamás apartado!
El no permanece más que por las vías enseñadas en el Evangelio.
Renunciación total y dulce.

Comienza para Pascal un nuevo cambio en su vida: pasará de la mediocridad y debilidad de su fe a perseguir la gracia. Al día siguiente quiere volver a hablar con su hermana querida. A duras penas acude al convento, en el Faubourg-Saint-Jacques. Como otras veces, Jacqueline le escucha a través del locutorio contar el episodio de la larga noche, de la noche que ella llama de *la nueva conversión*. Se trasluce en el ánimo de Pascal la necesidad de encontrar un director para su conciencia. Jacqueline le sugiere un nuevo encuentro con Singlin, que estaba en Port-Royal-des-Champs. Si Blaise acepta, su hermana se ofrece para enviarle una carta. Pero Blaise no se decide y lo único que resuelve hacer es volver a su casa. No obstante, Jacqueline efectúa el envío de la carta.

Su dolencia de piernas continúa, se encierra, ora y ayuna. Apenas puede moverse, andar o pensar. Escribe con un sentimiento de urgencia. Se detesta. Así lo dejó escrito en sus *Pensamientos*: lo mío *es aborrecible.* Parece demostrado que Pascal había comenzado a tomar conciencia del vacío de su vida a comienzos de 1654, es decir, meses antes de escribir su memorial. Además, a medida que pasan los días, su resignación sobre la partida de su hermana se hace cada vez mayor. Sólo desea visitarla a diario. En ese sentido, el convento no pone reparos. Pascal, además de hermano de Jacqueline, es un sabio del que la causa jansenista podría tener necesidad.

Su amigo el duque de Roannez se pregunta sobre la ausencia que Pascal muestra para con él y su familia. En algún momento Blaise le refiere la noche del *fuego*, relato al que Roannez asiste perplejo e impresionado. Le propone un viaje a Poitou para sosegarse y meditar sobre sus ideas, pero no llega a aceptarlo porque acababa de recibir una carta de Singlin en la que éste muestra el deseo de un encuentro con Pascal en Port-Royal de París.

El retiro de Pascal en Port-Royal-des-Champs

Próxima la Navidad de 1654, Singlin y Pascal se encuentran en el convento. Le refiere la noche del memorial. A tenor de las conversaciones con Singlin, Blaise comienza a hacerse preguntas sobre su vida: duda de que deba seguir escribiendo y comienza a ver con claridad que su amistad con Roannez y Méré no le reporta ningún beneficio; quizás lo mejor sería trasladarse a Port-Royal-des-Champs y unirse y trabajar con *los solitarios,* a los que había visitado y conocido en 1647 con su hermana Jacqueline. Lo que no quiere es recluirse en el convento y que su vida trascurra en un plano enteramente monástico. Sólo necesita tener un director espiritual, ni siquiera hacer un retiro en Port-Royal de París como también le propone Singlin.

Aquella misma tarde Blaise se encuentra de nuevo con Roannez en la casa del duque de Luynes. Blaise les cuenta la propuesta de Singlin y se siente animado por el duque ya que, según su tes-

Interior del Musée de Port-Royal-des-Champs. A la derecha, óleo de Jacqueline Pascal realizado por Philippe de Champagne.

timonio, éste había hecho recientemente un retiro que le había cambiado la vida. El 7 de enero de 1655 Pascal, sin haber cumplido aún los treinta y dos años, deja París hacia Port-Royal-des-Champs.

El castillo de Vaumurier, propiedad del duque de Luynes, estaba cercano a la abadía, por lo que aquél le propone acompañar a Pascal, invitando también a Roannez, y alojarse los tres en el castillo. Pascal acepta pero la estancia allí sería temporal, sólo por pocos días. No encontraba la soledad que perseguía y decide retirarse definitivamente a la abadía donde le dan una celda austera en el edificio conocido como *château des Granges*, los *Graneros*, construcción jansenista todavía existente actualmente. Allí fue donde Pascal conoció y convivió en profundidad con *los solitarios*. Su praxis la constituía el manual *La frecuente comunión* preparado por

Antoine Arnauld. El empleo de su tiempo iba desde la redacción de obras eruditas, como traducciones de Santa Teresa, de San Agustín o de la Biblia, hasta la realización de trabajos manuales. En Port-Royal habitaban *los solitarios* en los edificios de la parte alta de la granja y las monjas en los de la parte baja. Las dos comunidades se reunían en la iglesia para orar.

Pascal fue bien acogido, era un joven prodigio y un famoso científico y él, por su parte, se sintió feliz y tranquilo en aquel entorno tan apacible alejado del tumultuoso mundo en el que había vivido los últimos meses. Por allí habían pasado Arnauld d'Andilly, familiar de Ana de Austria, Antoine Arnauld, importante sacerdote y teólogo de su tiempo, el pintor Philippe de Champagne, que inmortalizó en muchos de sus lienzos los retratos de algunas hermanas que allí residían, Singlin, el escritor Nicole, autor de *Ensayos sobre la moral* y muchos otros escritores, médicos y maestros famosos. Blaise practica la misma vida que el resto de *los solitarios*: se levanta muy temprano, lee la Biblia, san Agustín, Epicteto y Montaigne. Entabla una relación muy cercana con Antoine Arnauld, lo que constituiría una amistad intensa a la vez que conflictiva.

Su participación en las discusiones teológicas que tenían lugar en la abadía llena también parte de su tiempo. Su única decepción fue el rechazo recibido de Singlin a convertirse en su director de conciencia. En su lugar, éste le propuso a Isaac Le Maistre de Sacy, sobrino de la madre Angélica y de Antoine Arnauld. Pero la idea no le convenció al tratarse de una persona que no conocía y que vivía permanentemente en Port-Royal-des-Champs, con lo que Pascal se obligaba a viajar desde Paris para tener sus encuentros con él.

La alegría con que transcurría la vida de Pascal se debía, en gran parte, al hecho de convivir con los niños que asistían a las *pequeñas escuelas* ubicadas en el recinto de la abadía. Se dice que Pascal adoraba a los niños. En esas escuelas se investigaba sobre pedagogía; Blaise, que también en esto fue un precursor, escribió un manual para enseñar a leer a esos pequeños. En una carta que su hermana le remitió le pedía, por recomendación de la madre superiora, "*noticias sobre su método para aprender a leer sin conocer el nombre de las letras*".

La salud de Pascal mejoró mucho durante su estancia en la abadía, tanto que las semanas trascurridas allí fueron de una intensa dedicación a la preparación de escritos relativos a la fe y a la teología. Estos son los títulos: *Misterio de Jesús*, una meditación escrita sobre la agonía de Jesús que constituye una prolongación de su memorial y que más tarde se encontraría en los *Pensamientos*; *Escrito sobre la conversión del pecador*; *Compendio de la vida de Jesucristo*, que no vio la luz hasta 1844; *Comparación de los cristianos de los primeros tiempos con los de hoy día*, publicado en 1779. Y el que le daría más celebridad relacionado con el tema de *le pari*, *la apuesta*. Esta cuestión, contenida también en los *Pensamientos*, podría resumirse así:

Si apuestas a que Dios existe, y sí existe, ganas el cielo.
Si resulta que no existe, no pierdes nada.
Si apuestas a que Dios no existe, y no existe, no ganas nada.
Si resulta ser que Dios sí existe, recibes la condenación.

También tuvo ocasión de demostrar su valía como ingeniero. Bérenguier, en su obra *Port-Royal y el valle de Chevreuse*, nos refiere que, según contaba Fouillou en 1711, parece que Pascal construyó una máquina para un pozo de sesenta metros de profundidad existente en la granja, por medio de la cual un muchacho de doce años era capaz de hacer subir y bajar al mismo tiempo dos cubos, cada uno con una capacidad de 140 kg, uno lleno y otro vacío. Este pozo todavía puede contemplarse en los restos de edificaciones que aún se conservan.

A finales de enero Blaise decide poner fin a este retiro. Tiene necesidad de encontrarse con su hermana Jacqueline; promete

El pozo de Pascal.

volver. Pero antes de dejar la abadía, Singlin le propone dar una conferencia a todos los que allí se encontraban. Pascal acepta y el 25 de enero de 1655 les habla sobre el pesimismo del escéptico Montaigne y sobre el optimismo estoico de Epicteto. Era como un resumen de las largas discusiones que sobre esta filosofía había mantenido con Singlin.

Es notorio y evidente que la vida religiosa de Pascal quedó impactada y marcada por esta primera estancia en Port-Royal-des-Champs.

El abad Picoté. *Las Provinciales*

Las *Lettres provinciales* (*Cartas provinciales*) constituyen una obra ocasional y clandestina de Pascal: no estaban firmadas, salvo la tercera, que lo estaba con diez iniciales, *EAABPAFDEP*, que corresponden a *E*t *A*ncien *A*mi *Blaise P*ascal *A*uvernes *F*ils *D*e *E*tienne *P*ascal. Aunque sabemos que la redacción es de Pascal, la información para su elaboración proviene, en su mayor parte, de Arnauld y Nicole. Se trata de un conjunto de diez y ocho cartas y un fragmento corto de una diecinueve. La primera está fechada en París el 23 de enero de 1656 y la última que lleva fecha, la diecisiete, es de un año más tarde, del 23 de enero de 1657. Las *Cartas provinciales* fueron puestas en el *Índice* de libros prohibidos el 18 de octubre de 1657.

Pero veamos cómo se gesta esta obra redactada por Blaise Pascal y qué razones tuvo para hacerlo. El 29 de enero de 1655 Blaise Pascal regresa a París desde Port-Royal-des-Champs. A pesar del empeoramiento de su salud, pues sufre de nuevo de las piernas y tiene que escribir en la cama, es capaz de visitar a su hermana con frecuencia para, entre otras cosas, mostrarle su método de lectura basado en la utilización de las sílabas de las palabras y no en las letras consideradas aisladamente. Recibe la visita de su amigo Roannez y de su hermana Carlota. Mantiene una frecuente correspondencia con Fermat sobre la teoría de números y trabaja en dos opúsculos: *El espíritu geométrico* y *El arte de persuadir*. Estos escritos han llegado hasta nosotros gracias a un manuscrito de Louis Périer, su sobrino. Comenzaron a publicarse a partir de 1728. El contenido del primero podría resumirse como *el método de las demostraciones geométricas, es decir, metódicas y perfectas*; el segundo, contiene una serie de reglas para *las definiciones*, *para los axiomas* y *las demostraciones*.

El 31 de enero de 1655 el jansenista Roger du Plessis, marqués de Liancourt, duque de La Roche-Guyon y par de Francia, deja Port-Royal-des-Champs, donde había coincidido con Pascal, camino hacia su casa de París. Acude a la parroquia de San Sulpicio porque desea confesar con el abad Picoté, que le recibe de manera muy fría y le advierte que la parroquia no puede tolerar más sus errores. Como tales eran considerados los retiros en la abadía jansenista de Port-Royal-des-Champs, albergar en su casa a un clérigo, también jansenista y miembro de la Academia Francesa, así como enviar a su hija a las *pequeñas escuelas* para recibir enseñanzas impías.

El duque pide ver al párroco de la iglesia, Olier, que había sido fundador en 1641 de un seminario, precisamente antijansenista, el cual se pone del lado de Picoté y de la bula pontificia que condenaba la doctrina de Jansenio, contenida en *Augustinus*. Y amenaza al duque con negarle la absolución y la comunión mientras no rompa con el jansenismo. Para los jansenistas el reto constituyó un gran escándalo. Unos, como Singlin y Le Maistre de Sacy, adoptan la posición no beligerante, la del silencio, la de no responder a esta situación; otros, como el *Grand Arnauld*, opinan que es necesario intervenir ya que de lo contrario podría suceder que todas las iglesias de Francia les cerraran sus puertas. Por eso Arnauld, que era doctor de la Sorbona, responde en mayo de 1655 con un panfleto en contra de Picoté dirigido a todos los enemigos de Port-Royal y titulado *Lettre à une personne de condition* (*Carta a una persona de condición*).

En relación con la bula aludida, *Cum occasione*, dos años antes, en 1653, el papa Inocencio XI había condenado en ella cinco proposiciones, según la iglesia, próximas al calvinismo, contenidas en *Augustinus*, proposiciones que no figuraban textualmente en la obra de Jansenio aunque pudieran deducirse del contexto. Los obispos se unieron a la condena de la Santa Sede pero Arnauld no opinaba lo mismo, lo que le hizo liderar un movimiento en contra de la bula y, como consecuencia de la redacción de la carta, situarse, ahora, en contra de la decisión de la parroquia de San Sulpicio. Para los obispos, esa carta constituía un ataque al papado y a los jesuitas.

El 2 de junio de 1655, el propio confesor del rey, el padre jesuita Annat, contesta a Arnauld. Attali nos ha dejado escrita esa réplica con estas palabras: *"todas las proposiciones denunciadas por el papa se encuentran en la obra de Jansenio; Arnauld debe retractarse bajo pena de ser expulsado de la Sorbona y ser excomulgado"*. Sin embargo, Arnauld no se deja impresionar por las amenazas de Annat y el 10 de julio escribe una *Seconde lettre à un duc et pair*, es decir, dirigida al duque de Liancourt. En ella repite los mismos argumentos: no se encuentran en Jansenio ninguna de las cinco proposiciones condenadas por el Papa.

Todo París participa en la polémica: unos a favor de la iglesia, otros en defensa de Arnauld. Al mismo tiempo, las abadías de Port-Royal se inquietan porque se supone que la respuesta de Annat será muy dura. No sólo llegará la excomunión de Arnauld, sino que además podría suceder que Port-Royal fuera arrasado. De hecho, y como ya se anotó, lo fue a principios del sigo XVIII, en 1711.

Sin conocer apenas nada sobre la raíz de la polémica, Blaise Pascal toma parte en ella en el otoño de 1655 y se ofrece a defender las posturas de Arnauld. Era capaz de resolver problemas de física y de matemáticas, porqué no iba a resolver los de teología. Y aquí nacen las *Provinciales.* Arnauld conoce muy bien las carencias de su lenguaje para convencer a los demás; Pascal, sin embargo, escribe alto y claro y es un teórico con mucho talento. Esta será la clave. Pascal se desplaza de incógnito a Port-Royal-des-Champs utilizando el pseudónimo de Sr. de Mons, apellido de su abuela paterna.

Allí Pascal se pone a trabajar con Arnauld con la condición de que él escribirá pero las cartas serán anónimas. De otra forma podría ser descubierto y enviado a prisión. Quiere que Arnauld le explique las cinco proposiciones; trata de entender a san Agustín, a santo Tomás. Inventa sujetos y situaciones y se nos dice que *"razona a la vez como matemático y como autor de comedia".* Pascal trabaja, metódica y profundamente, reposadamente. Llega a emplear hasta veinte días en la redacción de una sola carta, que lee y relee y luego la somete a la consideración de Arnauld y sus amigos. La corrige hasta alcanzar el grado de perfección requerido.

El 9 de noviembre de 1655, Annat denuncia ante la Sorbona la *Segunda carta* de Arnauld. Se trata de saber si las cinco proposiciones están en *Augustinus* y, como consecuencia, si son condenables. El juicio de los doctores dura casi dos meses y la mayoría está a favor de los jesuitas, es decir, a favor de Annat.

La tirada de las *Provinciales* fue enorme para su época. Podían encontrarse en todas partes: en los salones, en las celdas de los monjes, en los juegos, en los palacios de los marqueses. La policía no encontraba la imprenta donde se producían; hizo requisas en muchas casas sin aparecer material que condenara a nadie. A tanto llegó la trascendencia de la polémica y de las cartas que hubo de intervenir la corona: en enero de 1657 aparece en las calles de París una ordenanza prohibiendo la publicación de cualquier octavilla o documento que no llevara el *privilegio del rey*.

Pascal aprovechaba la defensa de Arnauld para él mismo desahogarse frente a los jesuitas: denunciaba *una religión dulce y cómoda*, que era la que a su entender enseñaban y practicaban. Sus *Provinciales* terminan siendo un duelo entre Pascal y la Compañía de Jesús, en general, y con el padre Annat en especial. Y todo ello sin dejar de trabajar en las matemáticas, manteniendo correspondencia con otros sabios de la época, como Huygens y Carcavy, en temas relativos al cálculo de probabilidades en el juego de los dados y de las cartas.

Blaise Pascal, por otra parte, no deja de declarar y defender su catolicismo. En el preámbulo de su decimoséptima carta, así lo dejó escrito: *Yo no pertenezco sobre la tierra más que a la única Iglesia católica, apostólica y romana, en la que quiero vivir y morir, y en la comunión con el Papa, su jefe soberano, lejos de la cual, y de ello estoy absolutamente convencido, no existe posibilidad alguna de salvación.*

Arnauld pierde su título de doctor en teología de la Sorbona a principios de 1656, el 15 de febrero, por haber sostenido *"que la gracia falta a veces al justo para cumplir los mandamientos de Dios"*. Después se retiró a Port-Royal y más tarde fue exilado en Flandes. Sin embargo, Arnauld, en aquellos momentos a los que nos estamos refiriendo, no estaba sólo: muchas parroquias y monasterios de las provincias se ponen de su lado y de los jansenistas, por lo que ante esta situación, quince obispos, inspirados por Annat, piden *"a los sacerdotes, religiosos y religiosas e incluso a los maestros laicos, que firmen un formulario de obediencia a las decisiones romanas condenando las cinco proposiciones"*. El clero francés, al principio, se resiste a firmar pero la demanda volverá a producirse y los obispos acaban por exigir la firma de este formulario de sumisión, exigencia que también llegó a los dos conventos de Port-Royal. Muchos de sus miembros se negaron a firmar.

En medio de esta lucha, Pascal se encuentra comprometido intensamente, librando, como nos comenta Ana Jáuregui, tres batallas: *"una lucha por medio del humor, con paso de comedia, contra el espíritu "doctoral" de la Sorbona; una lucha más grave contra la abolición del pecado por la casuística; una guerra indignada y casi desesperada a favor de los "místicos", en contra de los políticos".*

24 de marzo de 1656: el milagro de la Santa Espina

Florin y Gilberte tuvieron seis hijos. Ya se dijo que Gilberte había enviado a Port-Royal de París a su hija Marguerite, nacida en 1646, para que iniciara allí su formación al lado de su tía Jacqueline. Con sólo cuatro años, Marguerite comenzó a sufrir de una extraña enfermedad en su ojo izquierdo, una especie de supuración. Su tío Blaise ya conocía este hecho desde la estancia con sus hermanos en *Bienassis*, en 1651. Así la describía Blaise Pascal: *El mal consistía en aquel entonces en algunas gotas de agua que le caían por la esquina del ojo izquierdo, próximo a la nariz, que al poco tiempo llegaron a ser más frecuentes y más espesas, y que al final se convirtieron en barro, lo que obligó a ser visitada esta niña por los señores de La Porte, médico, y Coiseette, cirujano.*

Gilberte y Florín rehusaron someter a la niña al tratamiento prescrito: la cauterización por medio de una hoja de cuchillo candente. Por ello llevaron a la niña a París para consultar a otros médicos, ingresándola en enero de 1654 como pensionista en Port-Royal, donde su tía había tomado los hábitos. Con el fin de que la niña no se sintiera sola, también dejaron a su otra hermana Jacqueline, dos años mayor que ella. En el pensionado fue visitada por los mejores médicos, cirujanos y oculistas, gracias a las buenas relaciones que su tía mantenía con las *bellas amigas* de Port-Royal y con los jansenistas. En principio, el médico de Port-Royal, para calmar sus dolores, resuelve el problema lavando el ojo con agua tibia.

A finales de ese año, coincidiendo en fechas con el *Memorial*, el mal empeora y el absceso se infecta. En el verano del año siguiente, los médicos advierten a sus padres de que sin la cauterización la niña puede morir pronto. En febrero de 1656 Marguerite tiene diez años, su mal se hace insoportable y, además, comienza a padecer de migrañas. Blaise sufre también por ella; sigue la marcha de su enfermedad por las visitas que hace casi a diario a su hermana y a su sobrina y se lamenta porque tiene el sentimiento de que Dios no ha favorecido demasiado a su familia. En aquellos momentos, Pascal se encuentra envuelto en la redacción de las *Provinciales.*

Un día de la tercera semana de la Cuaresma de 1656, el abad de La Potherie ofrece a la madre Angélica de Port-Royal de París prestarle, por dos o tres días, un relicario que contenía una espina de la corona colocada sobre la cabeza de Cristo y que habría llegado a París hacia 1229. Este hecho, este préstamo, no guardaba relación alguna con la enfermedad de la niña. En un principio, la abadesa, entonces la madre María de los Ángeles Suireau, rehúsa porque la Cuaresma es *"para orar ante Dios y no para emplear el tiempo en la contemplación de una reliquia"*. Después de algunas discusiones, la comunidad decide aceptar el préstamo: la reliquia llega al convento el 24 de marzo, martes de la tercera semana de Cuaresma y el plan es exponerla a los fieles el Viernes Santo.

El viernes siguiente a su llegada, después de los oficios, se acercan al relicario, primero las hermanas, luego las novicias y después las niñas residentes conducidas por la hermana Flavia. Cuando Marguerite, aturdida por el dolor, pasa ante el relicario, su preceptora le indica por señas, ya que el silencio era reglamentario, que apoye su ojo enfermo en la reliquia; lo hace inclinándose y no sin experimentar un cierto temor.

Durante la noche, Marguerite se apercibió de que ya no sufría, de que el ojo se había curado. A pesar de estar en Cuaresma y, por tanto, sometida a la obligación del silencio, se levanta y se lo comunica a la hermana Flavia y ésta, a su vez, a la madre Agnès. Después también tendrá conocimiento del hecho su tía, la hermana Jacqueline de Santa Eufemia. Todas comprueban que la fístula se había curado. También habían desaparecido los intensos dolores de cabeza.

La familia Pascal se mueve con celeridad para comunicarse la noticia entre ellos: Jacqueline entera a Blaise, que se encontraba en París y, al mismo tiempo, también hace llegar la buena nueva a su hermana Gilberte y a su marido Florin en Clermont. No obstante, durante los dos días siguientes, la curación era todavía un secreto que no había salido de los muros del convento. El 31 de marzo, la madre Agnès decide poner en conocimiento del médico de la abadía y del cirujano D'Alençay la súbita curación. Admirados, se dan cuenta de que el mal ha cesado completamente y dejan pasar algunos días para asegurarse de que no hubiera recaída. El siguiente viernes, médico y cirujano reconocen oficialmente la inexplicable curación.

Conocida la buena noticia, Florin llega a Port-Royal de París el 5 de abril, día del décimo cumpleaños de su hija Marguerite. Su alegría es grande al comprobar que está completamente curada.

La noticia de una curación milagrosa en Port-Royal comienza a extenderse por todo París. Una junta de médicos y cirujanos, entre los que se encuentra el del rey, después de examinar a la niña, firman la constatación de la curación, añadiendo que ésta no puede ser más que obra de Dios. La madre Angélica envía cartas a varias personas, entre ellas, a la reina de Polonia, manteniéndose reservada a la hora de considerar como milagrosa la curación. Temía los comentarios de los jesuitas, que podrían hablar de un acto de brujería en Port-Royal.

En junio, la autoridad diocesana de París abre una encuesta canónica orientada a ratificar o negar el milagro, interrogando a muchos testigos, entre los que se encontraba Blaise Pascal. El proceso terminó el 22 de octubre, reconociendo el vicario general de París, Hodencq, el carácter milagroso de la curación del mal de la niña Marguerite Périer. Cinco días después la reliquia vuelve a Port-Royal, donde se celebran grandes ceremonias en presencia de las autoridades religiosas y del propio Pascal.

El padre Annat, sin negar el milagro, sacó partido del hecho con la publicación del opúsculo, *Le Rabat-joie des jansénistes* (*El aguafiestas de los jansenistas*) para afirmar que el milagro se había producido justamente para que los herejes jansenistas se convirtieran. Otros pensaban de forma diferente: a pesar de que el papa había condenado a los jansenistas, Dios les había recompensado con un milagro.

Algunos han considerado como milagrosas otras curaciones acaecidas en Port-Royal; tal es el caso de la hermana Catalina de Santa Susana, cuyo retrato pintó su padre Philippe de Champagne. El cuadro *Ex voto* se conserva en el Museo de Port-Royal-des-Champs. Otro hecho también fue considerado por Pascal como un milagro: la *conversión* de Carlota, hermana de su amigo Roannez, durante la celebración, el 4 de agosto de 1656, de la misa en Port-Royal, celebración a la que acudió con su madre y con la intención de tomar pronto los hábitos. Fue *"conmovida tan vivamente que se deshizo en llantos"*. Blaise tenía la creencia de haber *convertido* al duque anteriormente, en 1655, puesto que había abandonado la vida de mundo y pasado a comportarse como un religioso laico.

Pascal y Carlota mantuvieron una correspondencia muy activa desde agosto de 1656 hasta febrero de 1657. Blaise se constituyó, por encargo de su amigo Roannez, en una especie de director de conciencia de Carlota. Poco se conoce de esta correspondencia entre *amantes*, salvo algunos extractos conservados por el duque. Los originales fueron destruidos por la propia Carlota en 1683. Carlota entró en Port-Royal en febrero de 1657, a pesar de la oposición de su madre y de su hermano, y seguramente por despecho hacia Pascal más que por auténtica convicción y vocación. A través de Madame Martel, cercana a la corte y pariente de la marquesa de Boissy, madre de Carlota, se consigue una carta del rey para sacar a ésta del convento. Port-Royal debe aceptarlo y Carlota vuelve a casa, donde vivirá como en clausura. Esperará hasta la muerte de Pascal para casarse.

Por último, añadir que, gracias al milagro de la Santa Espina, la presión sobre Port-Royal se suaviza. La reina madre obtiene de Séguier que detenga la dispersión de hermanas y simpatizantes que ella misma había ordenado. Incluso algunos *solitarios* regresan a Port-Royal-des-Champs.

Los cinco últimos años. Fallecimiento de la hermana Jacqueline

Así comienza Attali el capítulo dedicado a los últimos años de la vida de Pascal: *"Los cinco últimos años de la vida de Blaise Pascal constituyen un desafío para cualquier biógrafo. Cuando interrumpe las Provinciales en medio de la redacción de la decimonona, entra en el período más creativo de su vida. También el más doloroso: vive en la calle de los Francs-Bourgeois-Saint-Michel con un criado y los Delfaut. De vez en cuando, sus sobrinas Jacqueline y Marguerite, que se educan en Port-Royal, y sus sobrinos Étienne y Louis, vienen a visitarle. [...] Él mismo visita a los duques de Roannez y de Luynes, ya jansenistas. [...] Cuando tiene fuerzas, visita a su hermana en Port-Royal de París"*. Entre sus treinta y cuatro y treinta nueve años, los cinco últimos, convergen en él seis existencias simultáneas, según opina Jacques Attali: *"el científico, trabajando en la teoría de probabilidades y en el cálculo integral ...; el polemista de hierro con los jesuitas y el papa; el filósofo, producto de una reflexión desesperada sobre la condición humana... ; el empresario, inventor de los transportes urbanos ...; el pedagogo, que enseña a los niños de los más importantes; el Blaise Pascal que se prepara a morir en la obsesión de la humildad y de la salvación".*

Como último ejemplo de su polémica con los jesuitas, hablaremos brevemente de la redacción de su *Factum*. En diciembre de 1657 aparece publicado el panfleto *Apologie pour les casuistes contre les calomnies des jansénistes* (*Apología en favor de los casuistas y en contra de las calumnias de los jansenistas*), que aunque anónimo en principio, fue debido al teólogo padre Pirot, amigo de Annat. Constituía un texto tremendamente agresivo contra las *Provinciales*, en el que se trataba de *lobos*, de falsos pastores, de herejes e ignorantes a todos aquellos que defendían las ideas de *Augustinus*.

La publicación escandalizó a todo París, tanto que los curas de esta localidad procuraron su condenación desde el principio. Para apoyarse ante los jueces civiles y los teólogos, se solicitó la ayuda de Pascal que redactó, en febrero de 1658, un primer escrito con el nombre, *Factum pour les curés de Paris contre un livre intitulé "Apologie pour les casuistes contre les calomnies des jansénistes" et contre ceux qui l'ont imposé, imprimé et débité.* Los curas de París denunciaron a los casuistas y los jesuitas, por el contrario, los defendieron y publicaron en marzo de 1658 una respuesta. De nuevo Pascal entra en acción con un segundo escrito que elabora en una sola noche y que dirige al arzobispo el 2 de abril, en el que, entre otras cosas, dice: *... vemos a la más poderosa Compañía y a la más numerosa de las Iglesias, que gobiernan las conciencias de casi todos los Grandes, coaligadas y encarnecidas en sostener las más horribles máximas que hayan hecho gemir jamás a la Iglesia.*

A estos dos primeros escritos siguieron un tercero y un cuarto preparados el 7 y el 24 de mayo de 1658, esta vez, por Arnauld y Nicole. Pascal estaba en esas fechas inmerso en el estudio de la cicloide. La primera victoria llega el 4 de junio: la *Apología* es condenada por el obispo de Orleáns y otros cinco obispos más. El 11 de junio es dirigido al arzobispo de París un quinto escrito, un texto preparado de nuevo por Pascal y que, según su sobrina Marguerite, el autor lo consideraba como su *obra más bella.* La Facultad de Teología condenó la *Apología* y ésta fue desautorizada por los propios jesuitas. Poco después, Pascal prepara un sexto escrito, un nuevo ataque contra los jesuitas, que aparece el 24 de julio de 1658, pero la batalla estaba decidida y ganada: Roma condenó la *Apología* a finales del año 1659. Con ello acababa la polémica.

En el año 1658 inicia Pascal la puesta en orden de los textos y notas preparatorias que había acumulado los últimos años para su obra *Apología de la religión cristiana,* clasificándolas en veintiocho legajos. Posteriormente presenta su proyecto en una conferencia que imparte, ante algunos de sus amigos, en Port-Royal. A pesar de sus migrañas y cólicos, continúa trabajando sobre *la escalera, los triángulos cilíndricos y la espiral alrededor del cono,* además del *Tratado de los senos del cuarto de círculo* y el *Tratado de las trilíneas rectangulares y sus ongletes.*

Al año siguiente, en febrero de 1659, el estado de salud de Pascal, siempre precario, se degrada enormemente. Vive en un estado de gran sufrimiento. Tiene treinta y seis años y los dolores de vientre, de cabeza y de dientes se hacen intolerables y no le abandonan. Se ve obligado a dejar temporalmente sus investigaciones de matemáticas, de teología y de filosofía e incluso renuncia a la enseñanza de los niños. Pero nunca se quejó; al contrario, había escrito: *el dolor me parece justo, bello y enriquecedor*, en su obra redactada este mismo año, *Prière pour demander à Dieu le bon usage des maladies* (*Oración para pedir a Dios el buen uso de las enfermedades*). Se trata de quince estrofas o cantos escritos en una prosa muy sentida y vibrante. En la estrofa XIII, podemos leer estas bellas frases y sumisos deseos: *No os pido ni salud, ni enfermedad, ni vida, ni muerte, sino que dispongáis de mi salud y de mi enfermedad, de mi vida y de mi muerte, para gloria vuestra, para mi salvación y para la utilidad de la Iglesia y de vuestros santos, de los que espero, por vuestra gracia, formar parte. Sólo Vos conocéis lo que me conviene: sois el maestro soberano, hacer conmigo lo que queráis.*

Otro hecho que apena a Pascal es el traslado de su hermana a Port-Royal-des-Champs como vicepriora, en noviembre de 1659. Considera que marcha demasiado lejos para poderla visitar. No obstante, sí lo hará cuando se sienta mejor.

El estado de salud de Pascal, de nuevo, comienza a mejorar en marzo de 1660 y será capaz de volver a leer, escribir y, por tanto, de intercambiar cartas con Jacqueline, a la que no veía desde su traslado de convento. Su otra hermana le insiste en que vaya a tomar las aguas termales de Bourbon, cerca de Clermont, invitación que acepta a finales de mayo, después de realizar un largo viaje de veintidós días desde París. Allí acabará por restablecerse. Termina su *Discours sur la condition des* Grands (*Discurso sobre la condición de los Grandes*) y trabaja en *Écrits sur la grâce* (*Escritos sobre la gracia*). Sin embargo, no toca las matemáticas a pesar de que Fermat, también enfermo con sesenta años, le escribe desde Toulouse con el deseo de encontrarse y discutir con él sobre probabilidades y aritmética.

Retorna a París en octubre. Vive una vida cristiana austera, severa, para con él y para con los demás. De nuevo contacta con su amigo más íntimo, el duque de Roannez, y con sus sobrinos Louis y Étienne, éste último alumno de filosofía en el colegio de los jesuitas. Y, a pesar de la negativa que meses antes había dado a Fermat, de nuevo trabaja sobre las matemáticas, en concreto, sobre la superficie de una espiral. Tampoco olvida poner en orden su obra los *Pensamientos.*

Cuando Pascal se siente con fuerzas, sale a pasear, visita las iglesias, adora reliquias, asiste a misas particulares de las que está informado por el *Almanach spirituel*. Escribe Attali: *"Hombre joven ya tan viejo, sabio tan dócil, pecador tan orgulloso"*.

Coincidiendo con este tiempo, los jesuitas atacan la traducción al latín de las *Provinciales* hecha por Nicole, por lo que el Parlamento envía el 3 de mayo de 1660 dicha traducción a la Facultad de Teología. El propio consejo del rey dice entender del asunto y hace examinar el escrito por varios obispos y teólogos que, en el mes de septiembre, condenan la traducción por lo que es *"rota y quemada por las propias manos del ejecutor de la Alta justicia"*.

Por otra parte, y desde hace tres años, las cuestiones en contra de los jansenistas se encontraban latentes, pero no muertas. La batalla comienza de nuevo a principios de 1660. Mazarino está resuelto a acabar con las doctrinas jansenistas para lo que presiona a la asamblea de clérigos, que reinicia las persecuciones a Port-Royal. Sus teólogos estaban divididos en cuanto a qué táctica adoptar para defender su praxis y ortodoxia agustinianas: un grupo pensaba que no tenía sentido defender la persona de Jansenio y sí la de san Agustín; otro, en cambio, encabezado por Arnauld y Nicole, se inclinaba por la defensa a ultranza de Jansenio.

Persecución de religiosas y destrucción de Port-Royal-des-Champs.

En medio de esta polémica, Mazarino obtiene de los obispos la orden, para todos los clérigos y religiosos, de firmar el *formulario* de 1657, es decir, de sumisión a la bula de Alejandro VII. Barcos, Du Mont y Le Maistre de Sacy, entre otros, opinan que se puede firmar puesto que el pensamiento de san Agustín, única cosa a defender, no se pone en duda en el *Formulario.* Arnauld y Nicole están en el bando contrario, ya que firmar supondría admitir que Jansenio contradice a san Agustín. Blaise Pascal entra en la polémica y se pone del lado de Arnauld. Y con ellos, las religiosas de Port-Royal. Entre ellas, las madres Agnès, Angélica y la propia Jacqueline.

Pero los *amigos* de Port-Royal proponen a los obispos un compromiso, un proyecto de mandamiento que, al parecer, podía satisfacer a todos. Se trataba de que los jansenistas lo firmaran sin poner objeciones: en él se distinguían las cuestiones *de hecho* de las *de derecho*, el derecho de la fe, lo que suponía afirmar que las cinco proposiciones no se encontraban en *Augustinus*. De nuevo será Pascal el que se encargue de la redacción de este complemento al *Formulario*, cosa que hace en noviembre de 1660, al mismo tiempo que trabaja en la *Carta sobre la igualdad de las líneas espiral y parabólica*, demostrándose, una vez más, que no olvidaba su investigación en las matemáticas.

El 16 de noviembre Jacqueline escribe a Pascal preocupándose por su salud y por sus sobrinos Louis y Étienne, pero, sobre todo, para comunicarle su negativa a firmar un compromiso adoptado por *los solitarios* y por los directores de conciencia de Port-Royal, cuyo contenido estaba en contra de sus sentimientos y voluntad.

En el mes de febrero de 1661, mientras la asamblea del clero impone la firma a todos los *eclesiásticos, consejeros, maestros de escuela y religiosos* de toda Francia, el *Gran Arnauld* comienza a negociar: espera obtener el éxito frente a la asamblea del clero y de toda la Iglesia. Pero la muerte del cardenal Mazarino la noche del 8 al 9 de marzo y la decisión del rey Luis XIV de gobernar solo, pero asistido por Fouquet, supone una mala noticia para Port-Royal, ya que obliga a los obispos a ejecutar de inmediato las decisiones tomadas por la asamblea del clero. El 23 de abril el rey ordena la salida de *los solitarios*, directores y pensionistas de las dos casas de Port-Royal, además de cerrar las puertas a la admisión de novicias y nuevos pensionistas. En esas mismas fechas se produce el exilio de Singlin a los Países Bajos.

Las firmas del *Formulario* se van produciendo pero no con la celeridad que el rey espera. Las negociaciones entre el *Gran Arnauld* y el arzobispo de París finalizan el 8 de junio con un resultado que causa gran sorpresa entre los jansenistas: se había acordado incluir el *mandamiento* preparado por Pascal. El rey no puede admitir esta decisión y el 11 de junio da orden de que todos los confesores abandonen también Port-Royal como ya lo hicieran días antes los directores de conciencia, anulando de nuevo el *mandamiento* y exigiendo las firmas del *Formulario*.

Arnauld y Nicole temen que estos acontecimientos desemboquen en la destrucción total de Port-Royal, por lo que se alinean con las opiniones de Barcos y Du Mont, diciendo ahora que *"firmar no tiene importancia"*. Pascal sigue rechazando esta postura, pues *firmar era admitir la condenación de la "gracia eficaz", de san Agustín y de san Pablo.* Por primera vez en este conflicto, Pascal entra en oposición con Arnauld y Nicole, quedando patente sus diferencias con los jansenistas más relevantes.

Arnauld definitivamente impone la firma del *Formulario* a las religiosas proponiendo añadir, al lado de la firma, lo que sigue: *"Considerando que, dada la ignorancia que tenemos de todas las cosas que están por encima de nuestra profesión y de nuestro sexo, todo lo que podemos es testificar la pureza de nuestra fe [...]. Por ello, abrazamos sinceramente y de todo corazón lo que Su Santidad el Papa Inocencio X ha decidido"*. A mediados de junio, muchas religiosas firman en París. El jansenismo había claudicado. No sucedía lo mismo en Port-Royal-des-Champs. Jacqueline se pone al frente de la *oposición.* El 22 de junio de 1661, el *Grand Arnauld* se reúne con Jacqueline para tratar de convencerla. Ella no cede y le pide que hable con su hermano Blaise y que entregue una carta, que lee a Arnauld, a la madre Angélica Arnauld d'Andilly, hermana Angélica de San Juan, que residía también en París, carta nunca recibida por la destinataria y en la que, al parecer, exponía sus razones sobre su negativa. Enterado por Arnauld de la posición de su hermana, Pascal piensa, incluso, romper con la Iglesia. Poco después, en julio, Roma condenará definitivamente el *mandamiento.*

Debido a todos estos acontecimientos de fractura entre sus *hijas*, la madre Angélica fallece en Port-Royal de París el 6 de agosto de 1661, a la edad de 68 años. Su sobrina, la hermana Angélica de San Juan, se hará cargo junto con Jacqueline Pascal de la abadía de Port-Royal-des-Champs.

A mediados de agosto, los representantes del arzobispo de París también visitarán, en Port-Royal-des-Champs, a Jacqueline. Se refieren a su carta escrita dos meses antes, carta que claramente había sido interceptada. Ella responde a todas las cuestiones que le plantean, en las que se trasluce que prefiere morir antes que transgredir. La sesión se cierra con amenazas por lo que finalmente, y en contra de los consejos de su hermano y en solidaridad con sus hermanas de profesión, ella firma el 1 de octubre, diciendo: *"Consentir en la mentira sin negar la verdad".*

Tres días más tarde, en la madrugada del 4 de octubre de 1661, la víspera de su treinta y seis cumpleaños, a Jacqueline Pascal se la encuentra muerta en su celda de Port-Royal-des-Champs. Llevaba enferma varios meses; pero lo que parece más verosímil es que su decisión en contra de su moral precipitara el penoso acontecimiento. Singlin dijo que *"es necesario alegrarse"*, y su hermano *Díos nos concede la gracia de bien morir.* Jacqueline fue enterrada en los Champs en presencia de Blaise, Gilberte y del propio Arnauld, al que Pascal culpa de la muerte de su hermana por el *considerando* añadido. Para desahogar su ira, Pascal redacta un *Écrit sur le Formulaire* (*Escrito sobre el Formulario*) cuyo original ha desaparecido. Madame Périer nos ha dejado escrito que Domat poseía el escrito, pero que lo había quemado sin dejar copia. Tal vez con ello se pretendía que no se descubriera fisura alguna entre los jansenistas y el propio Pascal. Por ciertas cartas, sí se sabe que Pascal arremete en el *Formulario* contra Antoine Arnauld, acusándole de cambiar de opinión y de utilizar equívocos: *esa profesión de fe es, al menos, equívoca y ambigua y, por tanto, perversa.*

Hacia el 20 de noviembre se reúnen en casa de Pascal, en París, miembros de su familia, Florin, Gilberte y su hijo Étienne Périer, además de Roannez y Domat, por una parte; de la otra, gentes de Port-Royal, como Arnauld, Nicole, Singlin y La Maistre de Sacy. La reunión resulta violenta y apasionada. Pascal, suficientemente enfermo como para no poderse desplazar a sitio alguno, arremete contra sus opositores y contra la Santa Sede y defiende duramente su opinión; advierte que el papa no es infalible, que se engaña al exigir la firma como ya se engañó condenando a Galileo. Arnauld y Nicole acusan, a su vez, a Pascal de querer provocar un cisma en la Iglesia. Pascal les llama cismáticos a ellos por haber firmado y por haber obligado a otros a hacerlo.

La discusión continúa; la mayor parte de los asistentes consideraban que Pascal había ido demasiado lejos. Éste pierde el conocimiento y cuando vuelve en sí, cuidado por su hermana Gilberte, pronuncia estas palabras: *Cuando he visto todas estas personas que yo consideraba como las elegidas por Dios para conocer la verdad y que debían ser las defensoras de ella, vacilar y sucumbir, he sido embargado por tal dolor que no me he podido sostener.*

A finales de 1661 Pascal ya no puede escribir debido a los fuertes dolores de cabeza. Gilberte, después de las exequias de su hermana, permanece en París, cuidando de su hermano y de sus hijos, Louis, Marguerite y Jacqueline. Su amigo, el duque de Roannez le propone embarcar para América y crear allí una comunidad jansenista, pero Pascal rehúsa: lo único que desea es preparase para morir en paz. Nos dice Attali: *"En este sentido, se abre un debate que dividirá a la Iglesia y a los historiadores durante siglos: Pascal, antes de morir, ¿renegó de Port-Royal?"*

Vive sus últimos días pensando en los pobres y en *servir a los pobres, pobremente*. Él mismo albergó en su casa a una familia de menesterosos y escribió en sus *Pensamientos* a este respecto: *amo la pobreza porque Él la ama; amo los bienes porque proporcionan el medio de asistir a los miserables.* En medio de este estilo de vida, en noviembre de 1661 recibe de Port-Royal la noticia de la devolución de la dote de su hermana Jacqueline, tal como se había convenido en el contrato firmado a su ingreso en el convento. No quiere ni tocarlo, ni oír hablar de ese dinero que había originado tantos disgustos entre los dos hermanos, a menos que sea para dedicarlo a los pobres, por lo que decide invertirlo en la creación de una nueva empresa.

Conviene con otros amigos con riqueza suficiente, como Roannez, el marqués de Crenan, Simon Arnauld de Pomponne, sobrino del *Gran Arnauld*, y el marqués de Sourches, responsable de la policía de París, crear una compañía capitalista con cuyas ganancias se pudiera ayudar a los pobres. El acuerdo, como accionistas, se lleva a cabo en casa de Pascal el 6 de noviembre de 1661, días antes del tenebroso encuentro a propósito del *Formulario*. Volvemos a encontrarnos, ya al fin de su vida, con un Pascal inventor, emprendedor, voluntarioso y empresario con sentido comercial.

Desde los tiempos de Luis XIII existían para el traslado de las gentes de una localidad a otra los llamados *coches de campaña*; las personas ricas de París empleaban sillas y carruajes de alquiler privados y caros. La idea de Pascal es otra bien diferente. Al no existir ningún transporte colectivo comparable al de las diligencias, piensa que crear uno semejante dentro de la ciudad de París, puede ser útil y rentable. Se utiliza un tipo de carroza resistente, apta para viajar por París y capaz de transportar ocho pasajeros; se busca un parque para los vehículos, en principio fueron siete, así como el personal para su mantenimiento y conducción. La sociedad creada pone el servicio en manos de concesionarios a los que han de revertirse parte de las ganancias. El precio del trasporte es de cinco *soles*; aunque parece que se establecieron dos tarifas, una para los ricos y otra para los más necesitados. Los principales usuarios, la clase media, los burgueses. La nueva red de transporte se compone de cinco rutas: cuatro transversales a la villa y otra circular alrededor del París de aquel entonces. Las líneas tienen estaciones de parada y es posible el trasbordo entre ellas. En los finales de línea se encuentran los despachos de billetes y el control regular de las salidas. Pascal también ha pensado en la seguridad; por ello, sitúa las paradas en los lugares más poblados y con tiendas suficientes. Así, además, contribuye a su negocio y al aumento de sus ventas.

Según el relato de su hermana Gilberte, la inauguración, el 18 de marzo de 1662, *"una mañana radiante de sábado, se hizo con toda la pompa y con asistencia de delegados del Châtelet con toga, cuatro guardias del Señor el gran prevoste, diez o doce alguaciles de la villa y otros tantos hombres a caballo".* Sabemos que Pascal hizo ese viaje inaugural: desde Luxemburgo, cerca de donde él vivía, hasta San Antonio, donde estaba situado el palacio de Roannez. Será su última salida por París.

La compañía, aparte de tener un objetivo lucrativo, aspiraba a disminuir las miserias de los ciudadanos más pobres. Por ello, las ganancias obtenidas permitieron a Pascal hacer legados en su testamento a los hospitales. Con el tiempo, la empresa se encontró en dificultades y hubo que aumentar las tarifas, con lo que la clientela disminuyó. Las carrozas públicas desaparecieron mucho después de morir Pascal, hacia 1677.

Muerte de Blaise Pascal

A principios de junio de 1662, como era costumbre, se celebraba la fiesta del Carrusel en honor al cumpleaños de Luis XIV. Por esas fechas Pascal albergaba en su casa de París a una familia de menesterosos cuyo hijo Blaise, ahijado suyo, había cogido la varicela. Gilberte no quiere ir a casa de su hermano por miedo a contagiarse, por lo que le pide que expulse a la familia, cosa que Pascal no hará. Gilberte se ve, entonces, obligada a recomendar a su hermano que venga a vivir con ella, a su casa de la calle *Neuve-Saint-Étienne*, actualmente en las cercanías del número 75 de la calle *Cardinal-Lemoine* y de la *rue des Écoles*. Eso sucede el 29 de junio de 1662, el mismo día que se inauguraba la quinta línea de las carrozas.

No tiene fiebre, pero sus dolores de cabeza no cesan, como tampoco los cólicos. Los médicos, tomando sus síntomas a la ligera debido a su edad joven, le recomiendan tomar leche y él comenta que *espera la muerte en paz.* Todavía tiene fuerzas para ocuparse de una disputa relacionada con *La lógica o el arte de pensar*, libro colectivo utilizado en Port-Royal, que acaba de aparecer. Uno de sus capítulos, el que hace relación a la *reducción de los silogismos*, había sido redactado por Pascal. Pero Arnauld decide suprimirlo. Pascal pide explicaciones, negocia y acaba enfadándose.

El 2 de julio sufre un nuevo agravamiento. No es capaz de dormir. Al día siguiente, Gilberte pide ayuda a Génaut, médico de la reina. Entre otras cosas, le recomienda purgarse. El día 4 sus dolores se hacen intolerables; pide con urgencia un sacerdote. Viene el padre Beurrier, de la parroquia más cercana al domicilio de Gilberte, Saint-Étienne-du-Mont. Se trata de un religioso que había firmado el *Formulario*.

Se ha discutido mucho sobre la conversación que Pascal pudo tener con el modesto padre Beurrier. Poco más tarde, el sacerdote, que ignoraba haber prestado ayuda moral al autor de las *Provinciales*, resume sus entrevistas con frases como estas: *"Pascal habló largamente sobre los ateos y de los medios para convertirlos. [...]. Reiteró su condenación de la moral de los casuistas y me dijo que sentía un gran dolor ver la división entre los fieles en la que habían querido envolverle, sea de viva voz o por escrito. [...]. Pero que él se había retirado prudentemente de esas disputas hacía dos años. [...]. Que él se atenía al sentimiento de la Iglesia en esas cuestiones y que quería tener una perfecta sumisión al vicario de Cristo, que es el Pontífice Soberano".* Los biógrafos no se ponen de acuerdo sobre estos testimonios de Beurrier: para unos es honesto y leal; otros dudan de que Pascal haya podido decir tales contradicciones.

El día 3 de agosto llama a sus notarios y dicta testamento, no sin antes pedir a Dios que *le perdone sus faltas y que lleve su alma, cuando deje este mundo, entre los bienaventurados.* Los pocos bienes que le quedan, incluidas las acciones de la compañía de carrozas, los reparte entre su ahijado Blaise, 300 libras, y la nodriza de su otro ahijado y sobrino, Étienne Périer, a la que deja una pensión de 30 libras anuales. Con las acciones hace cuatro partes iguales: una para el hospital de Clermont, otra para el de París, una tercera para Domat y la última para Gilberte.

El 6 de agosto su dolor de cabeza es tal que le hace desvanecerse. El día 8 se celebra una importante consulta médica entre los afamados doctores Brayer, Renaudot y Vallot que están de acuerdo en que *su mal no es grave*. Pascal, sin embargo sabe que está a las puertas de la muerte y pide por ello los últimos sacramentos. El padre Beurrier, a tenor del dictamen médico, se niega a llevar los sacramentos a su casa alegando que no existe riesgo para su vida. Pascal pide entonces que le traigan un pobre a su lado para que reciba los mismos servicios que él estaba recibiendo. Le dicen que no lo encuentran, con lo que Pascal exige el ingreso en el hospital de los *Incurables*. Gilberte le responde que no se le puede trasportar.

El 17 de agosto Pascal llama al confesor de Port-Royal, Claudio de Santa Marta y pide una vez más que le lleven a los *Incurables* para morir entre ellos, entre los pobres. Se producen nuevas convulsiones y de nuevo el coma. Enterado el padre Beurrier de que se había llamado al confesor jansenista, acude presto a la casa de Pascal, mientras Gilberte le pide que le escuche en confesión y Pascal le reclama de nuevo la extremaunción. Así son algunas de las frases con las que Gilberte cuenta los hechos de la noche del 17 al 18 de agosto: "*Con la llegada del padre Beurrier, las convulsiones se suavizaron y Pascal recobró el conocimiento. El padre le dijo: "os traigo a aquel que tanto habéis deseado". Estas palabras le despertaron y al acercarse Beurrier a darle la comunión se enderezó en la cama para recibirla con mayor respeto. [...]. Si, padre, yo creo en todo y con todo mi corazón. [...]. Recibió el santo viático y la extremaunción con un sentimiento y ternura tales que hizo llorar a todos los presentes. [...] Al recibir la bendición con el Santo Sacramento, exclamó: "que Dios no me abandone jamás". Estas fueron sus últimas palabras. Las convulsiones volvieron a aparecer y perdió de nuevo el conocimiento.*

Lápida en recuerdo de Blaise Pascal en Saint-Étienne-du-Mont.

Su agonía duró veinticuatro horas. Falleció el 19 de agosto de 1662, a la una de la madrugada. Tenía treinta y nueve años y dos meses".

Gilberte le cerró los ojos; dos mujeres, el ama de llaves Madame Delfaut y la cocinera Esdune, lavaron y acondicionaron el cadáver. Gilberte encargó hacer un molde de la máscara mortuoria que apareció mucho tiempo después, a finales del siglo XVIII, en la casa de un grabador de medallas a quien la familia de Pascal se la había vendido.

Los médicos pidieron autorización a la familia para hacerle la autopsia, Gilberte aceptó y Domat, Roannez y Antoine Arnauld asisten. El biógrafo Attali nos da una interpretación moderna y concisa del resultado de esa autopsia: *"se podría diagnosticar una necrosis del intestino, un infarto mesentérico y una hemorragia cerebral"*.

El entierro se efectuó el lunes 21 de agosto de 1662 a las diez de la mañana en Saint-Étienne-du-Mont, iglesia en la que Pascal había pedido ser enterrado. Concelebraron la misa cincuenta sacerdotes de París. Estaban presentes todos sus amigos. La inhumación se hizo detrás del altar mayor y delante de la capilla de la Virgen.

4 El Pascal inventor

Hay que levantar el valor de esos tímidos que no se atreven a inventar nada en física y confundir la insolencia de esos temerarios que crean novedades en teología.

Pensamientos, Blaise Pascal

Anteriormente nos hemos referido a la colaboración y ayuda que Blaise Pascal prestaba a su padre en la contabilidad que conllevaba el cobro de impuestos durante su estancia en Rouen. Tomó con mucho empeño el diseño y construcción de una herramienta mecánica que hiciera cálculos aritméticos con el fin de liberar a su padre de tener que realizar a mano las operaciones. Comienza aquí lo que sus biógrafos denominan *período de las obras físicas* y que se extiende desde 1642 a 1651.

Pascal, a pesar de su juventud, estamos en 1642 y tiene sólo19 años, ya ha ganado fama de ser un genio matemático y dicen sus biógrafos que tenía pasión por los problemas mecánicos, los engranajes y las levas. Imagina una máquina semejante a un reloj, en lo que al sistema de ruedas dentadas se refiere, y capaz de efectuar las operaciones aritméticas elementales. En la época, se servían de la pluma, bolas o fichas para ayudarse en los cálculos, sometidos, en cualquier caso, a errores y a verificaciones. Gilberte, su hermana, comenta en su biografía de Pascal, acerca de la máquina, que *"se trata de una obra nueva en la naturaleza, que ha reducido a máquina una ciencia que se apoya completamente en el espíritu y de haber encontrado la forma de hacer todas las operaciones con completa certidumbre, sin necesidad de razonamiento".* Esta máquina introdujo a Pascal en un universo nuevo, el de los números, que comienza a explorar con pasión y que no dejará nunca de estudiar, aunque en alguna ocasión se confiese humilde e ignorante. Lo que sigue es un ejemplo.

El 29 de agosto y el 25 de septiembre de 1654, Fermat le hace llegar por carta sus trabajos y descubrimientos sobre números. Pascal le contesta, declarándose incompetente en este campo, con el siguiente escrito: *Buscad en otra parte los que os sigan en vuestros inventos numéricos, de los que me habéis hecho la gracia de enviarme los enunciados. Para mí, os confieso que eso me excede mucho. No soy capaz nada más que de admirarlos.* En cualquier caso, esa redacción y otras cartas posteriores suyas, *Lettres de A. Dettonville,* 1658-1659, demuestran que, desde que inventa su máquina hasta el final de sus días, nunca abandonó la idea de progresar en el campo de las matemáticas.

La empresa no representaba sólo las dificultades teóricas propias de un proyecto como éste, sino también exigía unas competencias prácticas muy diferentes, competencias que se extendían a las matemáticas, a la mecánica y a la habilidad técnica. Y Pascal se pone solo a la tarea; se supone que, al menos, uno de los modelos lo construyó sin la ayuda de persona alguna.

Nadie en el mundo había probado antes, no ya a automatizar los cálculos, sino siquiera a mecanizarlos. El escocés Napier, conocido como *Neper*, utilizaba *regletas* para reducir la multiplicación a sumas, pero sin tener en cuenta el pase de unidades de un orden a otro, el acarreo, operación que quedaba a cargo del calculista. En 1624 algunos habían oído hablar del alemán Wilhelm Schickart (1592-1635), astrónomo y profesor en Tubinga, que mantenía correspondencia con Gassendi, y que había hecho unos planos y puesto a punto una máquina de calcular de la misma clase. Parece que un incendio la destruyó y, por consiguiente, ni Pascal ni ninguna otra persona fueron conocedores de su existencia.

La máquina, la *pascalina*, efectuaba sumas y restas y, a partir de ellas, también la multiplicación, la división, las proporciones e incluso la raíz cuadrada. Empleó dos años en este proyecto. En febrero de 1644, a petición de Bourdelot, Pascal muestra un ejemplar de *la roue pascale* con seis ruedas a Enrique II de Borbón, padre del *Grand Condé*. Ofreció otro prototipo de ocho ruedas, en 1645, al canciller Séguier. La producción es muy corta, pues, según advierte Tallemant, *"no hay más que un obrero, que está en Rouen, que la sabe hacer y además es necesario que Pascal esté allí presente"*.

Máquina aritmética de Pascal
de seis ruedas (Conservatoire National
des Arts et Métiers).

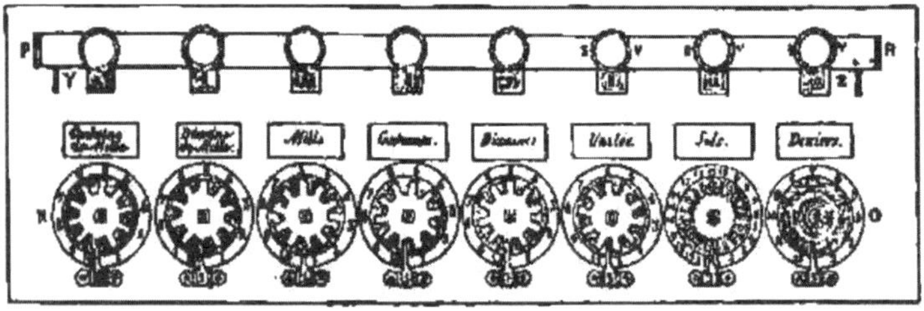

Parte superior de la pascalina,
se aprecian las ruedas, los visores y la regleta longitudinal.

Hoy día se conservan diferentes modelos de esta máquina aritmética. De los nueve conocidos, algunos sirvieron para el cálculo aritmético puro y se conservan en el *Conservatoire National des Arts et Métiers* de París y en Clermont-Ferrand, dos destinados a aplicaciones contables se encuentran en el Museo de Clermont-Ferrand y en el Museo de Dresde (Alemania), y otro, también conservado, se destinaba al cálculo de longitudes.

Describamos el funcionamiento de esta máquina. La primera construida estaba formada por una caja de ébano de unas dimensiones que no sobrepasaban los 38 cm de largo por 15 cm de ancho. En la cubierta superior se colocaban unas ruedas giratorias que servían para marcar, para introducir los datos. Se fabricaron con cinco ruedas, con seis y con ocho. A espacios regulares y sobre un limbo fijo que rodea cada una de las ruedas de forma concéntrica, estaban gravadas las cifras 0 al 9. Estas ruedas, mediante los engranajes interiores correspondientes, arrastran sendos tambores, visibles sólo en parte a través de unas pequeñas ventanas o visores, tambores en los que también van escritas las cifras.

Para introducir un número se disponía de un punzón que se colocaba entre los dientes de la rueda requerida (unidades, decenas...) y delante de la cifra deseada gravada en su limbo. Entonces, con ayuda del punzón, se hacía girar la rueda en el sentido de las agujas del reloj, con lo que mecánicamente se arrastraba el tambor correspondiente en el interior de la caja.

9	**8**	**7**	**6**	**5**	**4**	**3**	**2**	**1**	**0**
0	**1**	**2**	**3**	**4**	**5**	**6**	**7**	**8**	**9**

Las dos líneas de números de cada tambor.

Cada uno de los tambores interiores contiene dos líneas de cifras del 0 al 9 dispuestas en orden creciente en una de las líneas y decreciente en la otra, de forma tal que la suma de dos cifras correspondientes siempre es 9. Por el visor sólo se ve una de las líneas ya que existe una regleta de lado a lado de la longitud de la caja que, por desplazamiento, permite visualizar una u otra de las dos filas de cifras.

Cuando el punzón hace girar la rueda, las cifras del tambor desfilan delante del visor correspondiente. El punzón se detiene necesariamente en su giro al encontrar el tope que tiene cada rueda; habrán desfilado entonces por el visor tantas cifras del tambor como las indicadas por la posición del punzón sobre el limbo antes de comenzar el movimiento de giro de la rueda.

Veamos, por ejemplo, cómo efectuar la suma de dos números y, por sencillez, cada uno de una sola cifra. Supongamos que en el visor aparece un 0 porque está en su posición inicial y que el puntero se coloca delante del número 4 del limbo haciendo girar la rueda dentada hasta encontrar su tope; acompañando a este giro, a través del visor, se van viendo aparecer las cifras 1, 2, 3 y 4 de la línea del tambor correspondiente. Si se repite la operación, pero esta vez colocando el punzón, por ejemplo, delante del 2 del limbo y se gira la rueda de nuevo hasta su tope, el tambor girará también otras dos cifras, visualizándose al final el 6 en el visor: la máquina ha efectuado mecánicamente la suma 4 + 2 = 6.

El hecho de que la máquina dispusiera de varias ruedas permitía efectuar operaciones con cantidades superiores al 9, es decir, de más de una cifra. Por ejemplo, efectuemos ahora la suma de 13 y 25. Puestos los tambores a cero, se introduciría 3 por la rueda de las unidades y 1 por la de las decenas; luego 5 por las unidades y, por fin, 2 por la rueda de las decenas. El resultado en los dos primeros tambores, será 38.

El mismo movimiento de ruedas y tambores ejecuta la resta. El resultado se muestra también en los tambores pero en la otra fila de números. Para ello, se desplaza la regleta descubriendo la otra parte de visores no utilizada para la suma: la resta se visualiza en la fila superior; la suma, en la inferior. Las multiplicaciones se realizan por sumas sucesivas y las divisiones, por restas sucesivas.

El joven Pascal no omitió ningún detalle para que la máquina tuviera todas las posibilidades, sobre todo en lo relativo al paso automático de unidades de un orden a otro superior: su máquina era capaz de sumar o restar *llevando*. Concibe un mecanismo complementario que hace depender unas ruedas de otras, desde la derecha hacia la izquierda, de tal manera que cuando un tambor efectúa una vuelta completa, obliga a su tambor vecino por la izquierda a efectuar un movimiento de adelanto de un paso, equivalente a una unidad.

La máquina descrita realizaba cálculos aritméticos puros, es decir, basados en el sistema decimal. Pascal, no obstante, vio la necesidad de diseñar y construir otra diferente para poder llevar a cabo cálculos contables o de conteo de moneda. En la época, 12 denarios equivalían a un sueldo y 20 sueldos, a una libra. Lo que cambiaba en esta segunda máquina era únicamente que los tambores poseían un número desigual de divisiones según contabilizaran denarios o sueldos, pero el acarreo se efectuaba siguiendo las mismas técnicas anteriores. De aquí la reflexión de Pascal: *la numeración decimal reposa en una convención humana y no en una necesidad natural, como piensa el vulgo, y suscita muchas críticas.*

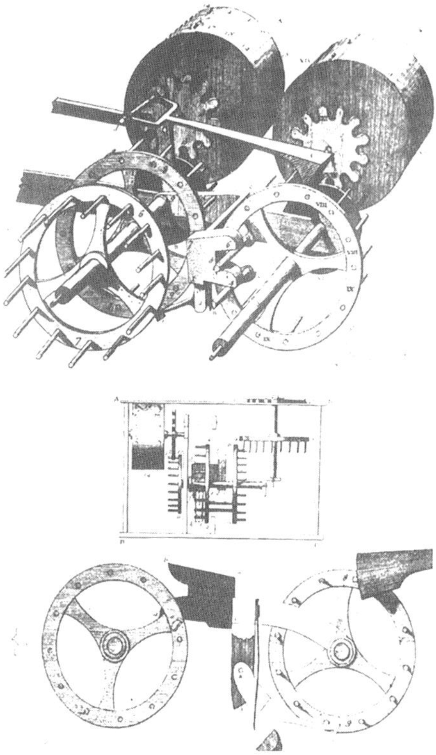

Ilustración de *l'Encyclopédie* de Diderot dedicada a la máquina de Pascal.

La *pascalina* fue el orgullo no sólo de Blaise sino de toda su familia. Por su casa en Rouen desfilaban todas las amistades y hacían operaciones con ella. Se dice que en los dos primeros años Pascal construyó más de cincuenta modelos de la máquina en su afán de perfeccionar, bien los materiales, bien la resistencia de los engranajes y, por tanto, la solidez del conjunto; modelos todos diferentes, unos de madera, otros de marfil y ébano, otros de cobre. Las ventas, en cualquier caso, fueron más bien escasas debido a su alto precio y la alta necesidad de reglaje. En las reuniones aristocráticas que se celebraban en casa de su amigo Roberval, profesor en el Colegio de Francia por aquellos días, Pascal no perdía la ocasión para presentarla a los curiosos e incluso proponía al hipotético comprador acudir al domicilio de su amigo, *porque Roberval le hará ver en pocas palabras y de forma gratuita la facilidad con que la máquina opera.*

Pascal tuvo al principio algunos problemas con la comercialización: después de haber realizado uno de sus prototipos se enteró de que un relojero ponía a la venta una falsificación que podría desacreditar su original. Pascal, a punto de despedir los operarios que trabajaban para él, reacciona y fabrica un ejemplar de ocho ruedas, que regalará en 1645 al canciller Séguier. El regalo iba acompañado de una *carta dedicatoria* en la que le pide la protección para su invento. Eso le vale la obtención de un privilegio que le garantizaba la propiedad de la construcción de todas las máquinas. Desde entonces, los ejemplares que produce llevan, además de su firma, la inscripción, "*Esto probati instrumenti symbolum hoc. Blasius Pascal Auvernus Inventor*" ("*Que este sea el símbolo de una máquina verificada. Blaise Pascal de Auvernia, Inventor*").

Étienne y Blaise viajan a París para presentar allí la máquina en la academia de Mersenne. Anuncia su invento en un prospecto publicitario, el primero que se conoce, con el título "Avis nécesaire à ceux qui auront curiosité de voir la machine d'aritmétique et de s'en servir". En 1646 la reina de Polonia, Luisa María de Gonzaga lleva dos unidades a Varsovia. Cien años más tarde, Diderot llevaría esta máquina a las planchas de su famosa *Encyclopédie*, lo que indica la importancia de su diseño y de su construcción.

Cerramos este capítulo con la redacción que hace Attali en relación con este invento. *[...] el primero en la historia humana, Pascal ha automatizado la manipulación de signos y realizado una máquina que programa las reglas de operación. Se ha anticipado en tres siglos. [...] La segunda máquina del mismo tipo la construirá el inglés Babbage [...] Todos los ordenadores de hoy día no son más que perfeccionamientos de la máquina de Pascal.* En esta ocasión, Attali concede privilegios exagerados al que sin duda fue un genio.

5 El Pascal geómetra

Somos tan vanos que
la estima de cinco o seis personas que nos rodean
nos agrada y nos contenta.

Pensamientos, Blaise Pascal

En la breve biografía de Pascal que hemos escrito anteriormente, ya nos referimos a la relación de éste con Desargues y Mersenne en lo concerniente a la geometría proyectiva y a las cónicas. Pascal tenía en ese momento 16 años. Se había inspirado en una obra complicada de Desargues sobre las cónicas y su utilización en la perspectiva para escribir su *Essay pour les coniques* (*Ensayo sobre las cónicas*). Tanta importancia le dio Desargues a la obra de Pascal que le invitó a presentarla en la academia de Mersenne en septiembre de 1639. Asiste también su padre, que se sentía orgulloso de los descubrimientos de su hijo. En ese breve ensayo que presenta a la academia está redactado un teorema del que, todavía adolescente, da una demostración. Se trataba del *hexagrama místico*.

Quince años más tarde, en la *Adresse à l'Académie Parisienne* hecha por Pascal en 1654, éste menciona, entre otras obras que somete al juicio de sus miembros, su *obra completa de las cónicas que comprende las cónicas de Apolonio e innumerables otros resultados, mediante una sola proposición o casi.* Y añade que se trataba de: *[...] la invención que yo he hecho cuando todavía no tenía diez y seis años, y que más tarde he puesto en orden.* De este tratado únicamente han llegado a nosotros dos breves resúmenes: uno sobre el ya citado *Ensayo sobre las cónicas* y otro correspondiente a *Generatio conisectionum* (*Generación de las secciones cónicas*).

Hemos citado la geometría proyectiva. Se trata de una rama de la geometría que estudia aquellas propiedades e invariantes que presentan las figuras geométricas al ser proyectadas desde un punto. Son operaciones fundamentales de esta geometría las de *proyectar* y *cortar*. Después de Desargues y Pascal, fue fundamentada por Poncelet alrededor de 1820 y ampliada más tarde por Steiner y Staudt.

Hagamos un breve análisis de las operaciones citadas. En primer lugar la *proyección*: proyectar un punto A desde otro B equivale a trazar la recta AB; proyectar la recta r desde el punto A exterior a r es construir el plano Ar; proyectar el punto A desde la recta r es construir el plano Ar. Y de forma correlativa se definen las operaciones de *corte*: cortar una recta por otra, cortar un plano por otro, cortar una recta por un plano o viceversa, significa, en todos los casos, encontrar el elemento común entre los dos elementos que intervienen en la operación proyectiva, es decir, punto o recta.

Antes de entrar a describir la ciencia de Pascal relacionada con su tratado de las curvas cónicas vamos a examinar, por el interés que encierra, un teorema que hoy día lleva su nombre. Fue uno de los primeros que él estudió en el campo de la geometría proyectiva, aunque se supone que ya era conocido por Pappus (siglo IV) e incluso por Euclides. Por eso en algunos tratados de geometría proyectiva se le denomina con el nombre de teorema de Pappus-Pascal. El teorema se refiere a la proyectividad definida por dos ternas de puntos, una de ellas, A, B y C, situada sobre la recta r y la otra, la A', B' y C', sobre otra recta r' que se corta con la primera.

Entonces, el teorema estudiado y demostrado por Pascal se enuncia así: *la línea quebrada hexagonal cerrada $AB'CA'BC'A$ cuyos vértices alternados están respectivamente sobre r y r' es tal que los pares de lados opuestos AB' y $A'B$, $B'C$ y BC', CA' y $C'A$, se cortan en tres puntos alineados*. Esa recta de alineación recibe el nombre de *recta de Pascal*.

Volvamos a las cónicas. Se puede definir métricamente una cónica o *sección cónica* como la curva obtenida al cortar un cono de revolución por un plano que no pase por su vértice. Esta es la definición que adoptó Pascal. El astrónomo Johannes Kepler (1571-1630) ya había tratado, estudiado y utilizado las cónicas como entes algebraicos e incluso también proyectivos. Se debe precisamente a Pascal la unificación conceptual de estas figuras geométricas y de haber introducido la idea de proyección para su estudio. Veamos cómo planteaba el problema. En primer lugar construye, siguiendo el método de Apolonio, un cono de revolución tomando un punto fijo V, vértice del cono, y una circunferencia cuyo plano no pase por V. El cono o superficie cónica se engendra haciendo girar una recta, *generatriz del cono*, que pase por V y se apoye en la circunferencia.

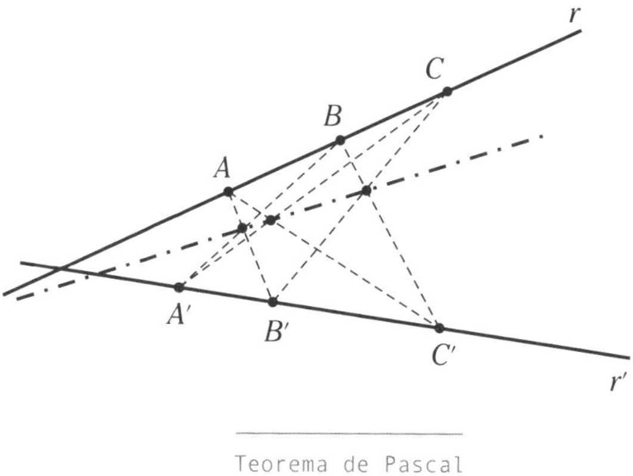

Teorema de Pascal
para series proyectivas rectilíneas.

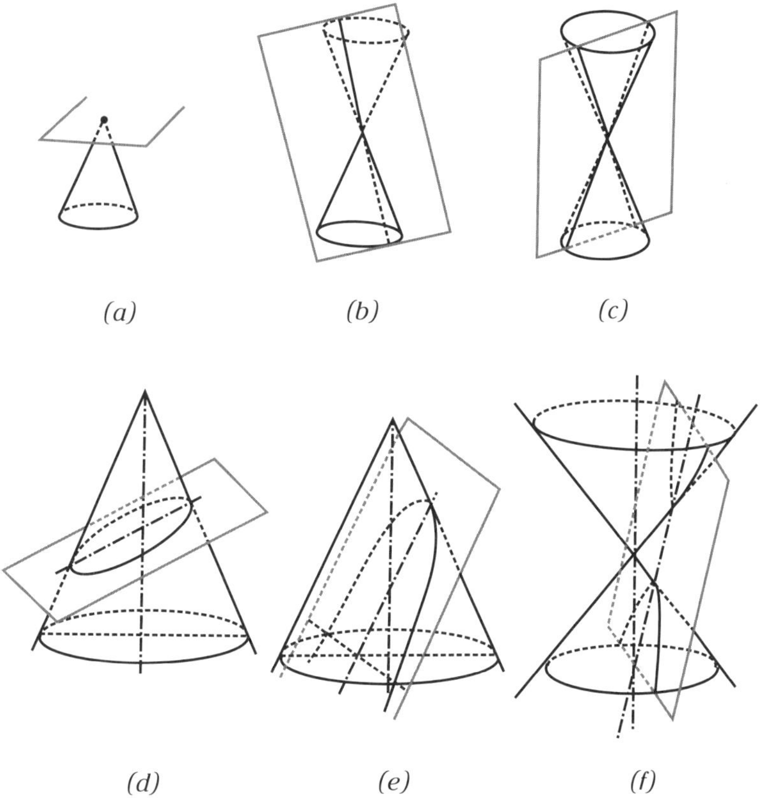

Generación de las cónicas
como intersección del cono por un plano.

Con estas palabras construía esta definición: *Si se traza una recta infinita en los dos sentidos, desde un punto fuera del plano de un círculo hacia un punto tomado sobre la circunferencia, y se la hace recorrer la circunferencia, con el punto permaneciendo inmóvil, la superficie que describe esta recta en su circunvolución se llamará superficie cónica. [...] La recta así tomada, fija en cualquier posición de su circunvolución, se llamará generatriz.*

Supuesta la superficie cónica, así define después Pascal cada una de las cónicas.

Un plano y una superficie cónica pueden encontrarse de seis maneras diferentes. O bien el plano encuentra a la superficie cónica en su vértice: la cónica es un punto (a). O bien el plano pasa por el vértice y toca a la superficie siguiendo una de sus verticales [una de sus generatrices]: *tal cónica es una línea recta (b). O bien pasa por el vértice y divide a la superficie completa en dos partes iguales: tal cónica es un ángulo rectilíneo (c). O bien no pasa por el vértice ni es paralela a ninguna de sus verticales: tal cónica es una antóbola* [elipse], *pues ella se toma sobre sí misma (d). O bien, una vez más, no pasa por el vértice y es paralela a una sola de las verticales: tal cónica se llamará parábola (e). O bien no pasa tampoco por el vértice y es paralela a dos de sus verticales, y esta sección se llamará hipérbola (f). Hay pues seis especies de cónicas: el punto, la línea recta, el ángulo rectilíneo, la antóbola, la parábola, la hipérbola.*

Agregar que la circunferencia mencionada más arriba en la que se apoyaba la generatriz del cono es también una cónica, caso particular de la elipse, cosa que Pascal no advierte.

Con esta construcción de las cónicas, Pascal nos proporciona un esquema proyectivo en el que hace aparecer las diferentes secciones del cono como perspectivas de la circunferencia de apoyo y base. Al respecto, nos ha dejado escrito:

Si el ojo está en el vértice del cono, si el objeto es la circunferencia del círculo que está en la base del cono y si el cuadro es un plano que se encuentra de parte a parte con la superficie cónica, entonces la cónica que se engendra por este plano sobre la superficie cónica, sea punto, sea recta, sea ángulo, sea antóbola, sea parábola, sea hipérbola, será la imagen de la circunferencia del círculo.

En la unificación de las cónicas ya esbozada por Kepler en su obra *Óptica* en 1604, éste hacía intervenir el recurso del *infinito*: toda cónica es la proyección, sobre un plano, de la circunferencia de la base del cono a condición de considerar que determinadas proyecciones tienen lugar en el infinito.

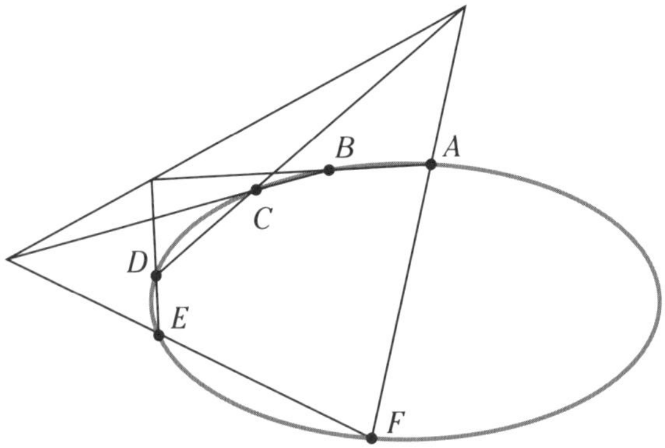

Teorema de Pascal para secciones cónicas.

Pascal, al estudiar los problemas relacionados con la cónicas, descubrió una propiedad que era común a todas ellas y la dejó plasmada en su tratado; esa característica común está recogida en el teorema que lleva su nombre, el *teorema de Pascal*: *si un hexágono, o quebrada hexagonal cualquiera, está inscrito en una cónica, los tres pares de lados opuestos se cortan en tres puntos que están en una misma recta* . De nuevo, el nombre de esa recta ha llegado hasta nuestros días como *recta de Pascal*, pero en este caso referida a series de puntos situados en una curva cónica. De este teorema, como escribe Attali, no sin adjudicar un exceso de protagonismo a Pascal en esta cuestión, *"deriva toda la geometría proyectiva de los siglos XIX y XX, sin la cual no hubiera existido ni arquitectura moderna ni dibujo industrial"*.

Pascal llamó a esta figura *hexagrama místico*. Está contenida en su primer tratado sobre cónicas, titulado *De hexagrammo mystico*. Esta denominación, que implica seis letras para denominar los vértices y no seis puntos numerados, nos sugiere que Pascal completó el teorema del hexágono haciendo intervenir análisis combinatorio, materia que le era familiar. Téngase en cuenta que con seis puntos, designados mejor por letras y permutados en la línea cónica, resultan varios hexágonos diferentes que darán lugar a otras tantas rectas de Pascal.

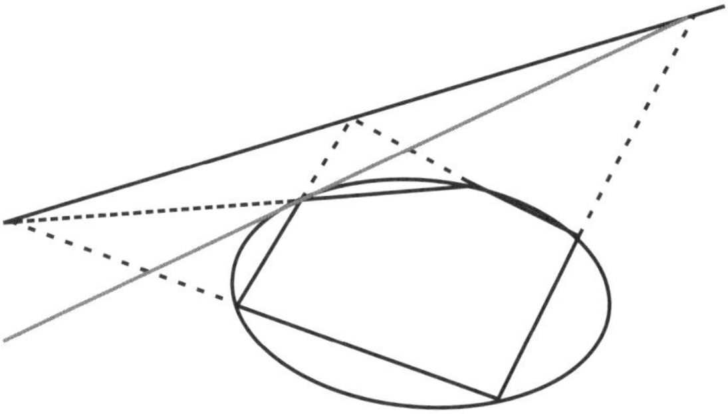

Caso límite: pentágono.

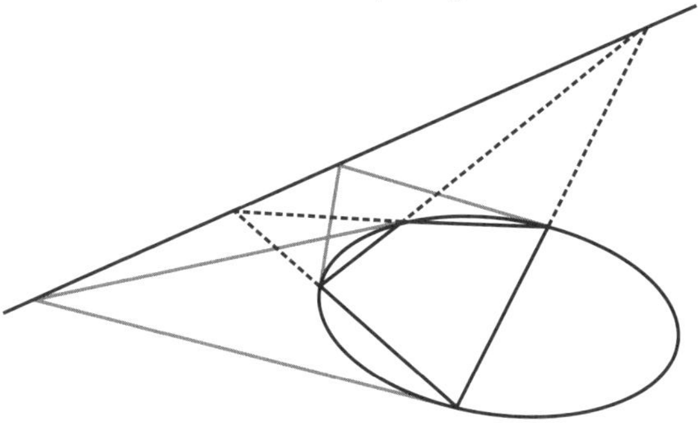

Caso límite: cuadrilátero.

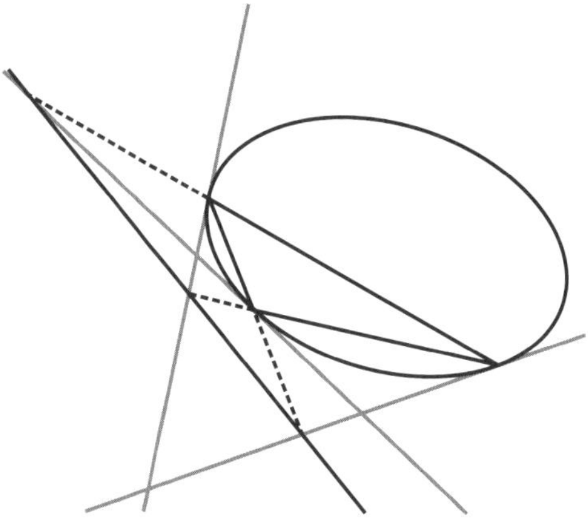

Caso límite: triángulo.

Este teorema admite varios casos límite, que provienen de hacer coincidir dos vértices consecutivos del hexágono, sustituyendo entonces el lado correspondiente, que desaparece del mismo, por la recta tangente a la cónica en el punto de coincidencia de dichos vértices. En consecuencia, el hexágono se convierte sucesivamente en pentágono, cuadrilátero y triángulo.

Esta obra de Pascal estaba constituida por pequeños tratados en latín de los que sólo nos han llegado fragmentos, algunos de los cuales aparecieron cosidos a sus ropas y fueron descubiertos después de su muerte. No poseemos ni el enunciado del teorema ni el de sus corolarios, así como tampoco las demostraciones correspondientes. Todo ello se ha perdido, pero gracias al testimonio de Leibniz se sabe de su existencia con toda certidumbre. Otro de los tratados también desaparecido, *De loco solido*, abordaba un problema geométrico con cuatro rectas que ya había sido planteado por Pappus.

Las noticias llegadas sobre la presentación de Pascal a la academia, en la que causó una gran impresión, son varias y excelentes. Desargues da el nombre de *la Pascale* a toda la producción; Marín Mersenne dice que el muchacho *"expone cuatrocientas proposiciones que cubren el conjunto de la geometría de las cónicas*. Y *[...] sobrepasa a todos aquellos que habían tratado el tema"*. Su hermana Gilberte también comenta, no sin un cierto grado de exageración, que *"se decía que después de Arquímedes nadie había visto tal fuerza"*.

Instalada en Rouen la familia Pascal, Blaise hizo imprimir el ensayo que había escrito en París y, a la vez, prometió seguir con otras demostraciones, pero eso nunca sucedió.

En 1675, fallecido ya Pascal hacía varios años, su sobrino Étienne Périer, hijo de Gilberte, envió a Leibniz los manuscritos relativos a las cónicas. Así lo indica el mismo Leibniz en un viaje que efectúa a París. Leibniz contesta a Étienne con una carta fechada en París el 30 de agosto de 1676, carta explicativa en la que se nos dan a conocer los títulos de diversos opúsculos del tratado, en total seis, y cómo recomienda Leibniz ordenarlos. Pero a pesar de las recomendaciones a Étienne para que acometa su publicación, ésta no se logra y esos opúsculos se dan hoy por perdidos.

La geometría analítica de Descartes nunca fue utilizada por Pascal; por el contrario, sus demostraciones pertenecían a la geometría métrica. Sus continuadores fueron Gaspard Monge (1746-1818), fundador de la geometría descriptiva, y su aventajado alumno, Poncelet (1788-1867), continuador de la geometría proyectiva en la que se movió Pascal.

Pascal no se conformó con estudiar las curvas cónicas. Su espíritu de geómetra le llevó a trabajar sobre otras curvas de forma exhaustiva y a descubrir propiedades que hasta su tiempo otros sólo habían probado a hacer y no habían logrado sino éxitos parciales y nunca tan completos como los alcanzados por Pascal. Éste guardaba su fuerza intelectual en un cerebro en perfecto equilibrio con el fervor a la religión y a la fe. Y todo ello en un cuerpo enfermo que llevaba muchos años sufriendo y padeciendo.

Dejemos, entonces, las cónicas y pasemos a ocuparnos de *la ruleta* o *cicloide*. Cuenta Marguerite Périer, sobrina de Pascal, que un día de 1658 su tío, que tenía entonces 35 años, padecía un fuerte dolor de dientes y muelas. Para aliviarse del mismo decide sumergirse y estudiar un problema sobre la *ruleta* que ya había sido

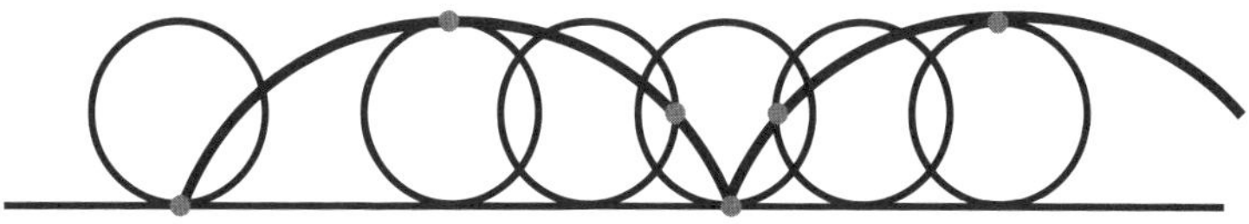

La curva cicloide.

planteado por Mersenne, aunque éste confundió en un principio la curva con una elipse. El problema consistía en determinar ciertas características y propiedades de esa curva plana también conocida con el nombre de *cicloide*. Tal curva está generada por un punto de una circunferencia, *ruleta*, al rodar sin deslizarse sobre una recta, la *base*. Esta curva, cuyo nombre parece se debe a Galileo, fue conocida también por otros muchos matemáticos como Descartes, Wallis, Roberval, Fermat y Torricelli.

Esta es la descripción *naïf* que Pascal hace de la cicloide: *esta curva no es otra cosa que el camino que hace en el aire el botón de una rueda cuando ella rueda en su movimiento ordinario.*

Si el punto, solidario con la circunferencia que rueda, es exterior a la ruleta, la curva generada recibe el nombre de *cicloide alargada*; si el punto es interior a la ruleta, se trata de una *cicloide acortada*. Entonces, es una *cicloide natural* o *normal* la descrita en primer lugar. Esas denominaciones fueron dadas por el propio Pascal.

Pascal también había encontrado la solución a muchos problemas que caracterizaban la cicloide y que nadie antes había descubierto. Pero nunca pensó en publicar su descubrimiento. Pero su amigo el duque de Roannez le anima a hacerlo: ello le proporcionaría una gran ventaja en su campaña en defensa de la religión cristiana contra los incrédulos, demostrando así no ser un espíritu simple como otros libertinos que se mofaban de la religión.

Pascal decide, por fin, convocar en junio de 1658, y de forma anónima, un concurso entre todos los geómetras del mundo, dotándolo de un premio. Guardando siempre su anonimato, envía una primera circular en la que propone seis problemas cuya solución él ya había encontrado. Estas eran las cuestiones: área de la superficie creada por un lazo de la cicloide y su centro de gravedad; volúmenes de los sólidos engendrados por el giro de esa superficie alrededor de su base y de su eje o diámetro de la cicloide; centros de gravedad de esos volúmenes; centros de gravedad de los semivolúmenes obtenidos cortando los anteriores por planos que pasan por el eje. Más tarde, en respuesta a ciertas cartas recibidas, Pascal tuvo que aclarar que se trataba de la cicloide natural y no de la alargada o de la acortada.

Los concursantes disponían de tres meses para responder con sus memorias antes del cierre, que sería el primer día de octubre. El premio era de 40 pistolas (moneda de la época); había también un segundo premio de 20 pistolas. Expirado el plazo, el anunciante anónimo publicaría los resultados. El tribunal encargado de estudiar las memorias presentadas estaría presidido por Carcavi, colega de Fermat, asistido por Roberval, profesor de matemáticas en el Colegio Real, y por el notario de París, Gallois. Al desafío acudieron, entre otros, los franceses Sluze y el padre jesuita Lalouère, Huygens y el inglés Wallis, inventor del símbolo del *infinito*: ∞.

Parece que Roberval había comentado a Pascal que él ya había resuelto los cuatro primeros problemas del concurso y que por lo tanto sólo presentaría la solución de los dos últimos. Pascal, guardando de nuevo su anonimato, decide anunciar en julio de 1658 que el concurso sólo considerará las dos últimas cuestiones.

El concurso no estuvo exento de protestas y alegaciones que obligaron al *anónimo* a contestar por carta. Wallis pretendía que la fecha de respuesta fuera el día que se pusieran en el correo las contestaciones, eso sí, certificadas por un notario de Oxford; Lalouère envió alguna respuesta falsa a problemas que ya había resuelto Roberval; el inglés Wren alega que el plazo es demasiado corto dado el problema que se puede generar por las comunicaciones entre islas y continente.

El día 1 de octubre, un tal Amos Dettonville, pseudónimo de Pascal, traído del anagrama de Louis de Montalte, deposita las soluciones en manos de Roberval y de Gallois.

El plazo de entrega de respuestas fue ampliado un mes más por la convocatoria *anónima*. A finales de noviembre, concretamente el día 24, el jurado se reúne y dictamina que nadie ha aportado las respuestas correctas solicitadas por el *anónimo* por lo que el dinero del premio se hace llegar a éste: naturalmente, el *anónimo* que había resuelto todas las cuestiones y que se había presentado con el pseudónimo de Amos Dettonville, era Blaise Pascal.

Poco después el propio Pascal dará a conocer sus soluciones en una serie de cartas, *Lettres de A. Dettonville*, que además contenían otras muchas cuestiones relativas a la geometría, como el *Tratado de las trilíneas y sus ongletes*, aplicables a curvas cualesquiera, el *Tratado del seno del cuarto de circunferencia*, el *Pequeño tratado de los sólidos circulares* y el *Tratado de los arcos de la circunferencia*. Los problemas de la cicloide, principio y origen del concurso, los deja para el final de las cartas, concretamente en la parte titulada *Tratado general de la ruleta*, que lleva el subtítulo *Problemas tocantes a la ruleta propuestos públicamente y resueltos por A. Dettonville*. Con todos estos tratados sobre geometría, Pascal nos descubre un mundo nuevo en esa ciencia, mundo con el que había trabajado incesantemente y para el que aporta los cimientos definiendo y trazando el camino directo para que Leibniz, cuando encuentra estas cartas de Pascal, dé nacimiento al cálculo diferencial e integral. Escribiremos más adelante sobre ello.

El juicio que sobre Pascal y este concurso hace su biógrafa Ana Jáuregui es que Pascal *"hizo como siempre gala de su temperamento demasiado duro, muy seguro de tener siempre razón y desplegando toda su artillería de mordacidad para aquellos que se equivocaban en sus cálculos. [...] Habría que lamentar que demostrara su superioridad, a veces de manera tan ofensiva"*.

En el mismo volumen con los problemas relativos a la cicloide se encuentran otros pequeños tratados cuyos títulos nos indican claramente su contenido. En una carta dirigida a Arnauld se habla y estudia sobre *La igualdad de las líneas espiral y parabólica.* En otra dirigida a Sluze, canónigo de la catedral de Lieja, se trata *De la escalera, de los triángulos cilíndricos y de la espiral alrededor de un cono.* Escribe otra carta a Huygens cuyo contenido estudia la *Dimensión de las líneas curvas de todas las ruletas.*

6 La controversia del vacío

Dos cosas instruyen al hombre
de toda su naturaleza:
el instinto y la experiencia.

Pensamientos, Blaise Pascal

Pascal es bien conocido por los físicos. Su obra trata principalmente sobre la hidrostática y la neumática. Todo comenzó por sus famosos experimentos sobre el vacío y el peso del aire, experimentos que podríamos llamar barométricos. En su honor, la unidad de presión lleva actualmente su nombre. Pascal siempre afirmó que los únicos principios de la física eran los experimentos: son los que nos revelan los *efectos*, es decir, las observaciones en un momento y lugar determinados.

En tiempos de Pascal se vivía la duda sobre la existencia del vacío. Este fenómeno físico tenía pocos defensores y muchos detractores. ¿Existe el vacío? ¿Cuál es su naturaleza? Estas cuestiones, que ya habían sido planteadas en la Antigüedad entre los griegos, renacieron en el siglo XVII.

Evangelista Torricelli

Evangelista Torricelli (1608-1647), físico italiano y discípulo de Galileo, matemático del duque de Florencia, había realizado en 1644 el célebre experimento de llenar de *plata viva*, como la denominaba Aristóteles, es decir, de mercurio, un tubo, tapar con su dedo la abertura, darle la vuelta e introducirlo en una cubeta que contenía el mismo metal. Cuando Torricelli retira su dedo, observa que el mercurio del tubo desciende hasta un cierto límite, hasta alcanzar una altura de sólo 76 centímetros, formándose en la parte superior del tubo un espacio aparentemente vacío. No se comprende lo que ocurre y menos por qué ocurre. Podría haber sucedido que el mercurio no descendiera en absoluto o que se hubiera derramado todo él en la cubeta. Sin embargo, este experimento muestra que el mercurio permanece suspendido en el tubo de vidrio. ¿Por qué el mercurio se comportaba así? ¿Qué sustituye al metal en la parte que desciende? ¿Es aire, es vacío o de qué sustancia se trata?

El experimento de Torricelli.

Ya anticipamos que en Francia se tuvo conocimiento de este experimento a través del padre Mersenne, con lo que se reavivaron las disputas y discusiones sobre el vacío. La noticia le llegó directamente de Italia en 1644, pero Mersenne no pudo reproducir el experimento de Torricelli por no encontrar en París vidrieros capaces de fabricar tubos lo suficientemente sólidos.

La cuestión de si el vacío podía o no existir es algo de lo que ya se ocuparon los griegos. Los filósofos de aquel entonces manifestaron sus distintas opiniones sobre el hecho: Demócrito y Epicuro consideraban que el vacío podía existir; Heron, que podía obtenerse de forma artificial; Aristóteles, sin embargo, afirmaba que *"la naturaleza aborrece el vacío"*. Éste último nos ha dejado la siguiente prueba apoyada en el movimiento de los cuerpos. El movimiento de un cuerpo depende de la resistencia que le oponga el entorno que le rodea; su velocidad es inversamente proporcional a la densidad del medio: a mayor resistencia, mayor lentitud. Y, recíprocamente, si el medio no opone resistencia alguna, lo que acontecería en el caso de existir el vacío, la velocidad sería infinita y el cuerpo estaría en varios lugares a la vez, por lo que el absurdo es patente y, por tanto, el vacío no puede existir. Esta última opinión permaneció por mucho tiempo, llegando hasta la Edad Media. Los escolásticos eran del mismo parecer que Aristóteles, dando argumentos como éste: si se afirma la existencia del vacío, se supondría que Dios todopoderoso no habría podido llenarlo, lo que es absurdo; otros físicos, sin embargo, admitían su existencia.

Pascal, después de pasar un tiempo dedicado a la filosofía y a la teología, reanudó su vida investigadora en el verano de 1646, precisamente cuando el amigo de la familia Pierre Petit, pasó por Rouen camino de Dieppe. Hemos anticipado en la biografía de Pascal las circunstancias del viaje. Tanto los Pascal, padre e hijo, como Mersenne y Roberval eran de la opinión de que el vacío existía. Étienne y Blaise planificaron reproducir el experimento de Torricelli con Petit, al regreso de éste de su viaje: tendrá lugar el primer experimento sobre el vacío.

Al igual que Mersenne, Torricelli también tuvo dificultades para disponer de buenos vidrios con los que fabricar los tubos. Eso no le sucedió a Pascal. En Rouen existía una famosa fábrica de vidrio y excelentes maestros vidrieros. En octubre de 1646 Petit estaba de vuelta. Encargaron un tubo del grosor de un dedo meñique con una longitud de cuatro pies, que equivaldrían aproximadamente a nuestro metro treinta, y repitieron el experimento. Petit llenó el tubo ayudándose de un embudo de cartón. Después, Pascal llenó una cubeta de madera con mercurio recubierto con agua. Vuelto el tubo y puesto en posición vertical, Petit quita su dedo cuando toma contacto con el agua; el mercurio comienza a descender, pero no hasta abajo. Y esto es lo que escribe Petit acerca del mismo: "*... vimos el mercurio descender de lo alto del tubo, no todo a la vez ni en un instante, ni tampoco lentamente, sino como el agua que uno vuelca de un jarro y lo que es más admirable, bajó más de 18 pulgadas que es un largo extraordinario y que yo jamás hubiera creído*". Se había reproducido el experimento de Torricelli. Y añade: "*Y sobre esto nos pusimos a filosofar antes de pasar a otro experimento y sobre lo que el hijo de Monsieur Pascal objetaba, que los "simples" podrían decir que este espacio que parecía vacío tenía aire, el cual, para evitar el vacío habría atravesado el cristal por sus poros, yo le respondí que se podría preguntar por qué no entraba más y por qué el mercurio no caía, pues por los poros del vidrio, el aire podría entrar en la cerbatana y suceder para todo el resto del mercurio, como había hecho ya en una parte*".

En aquel entonces era costumbre entre los miembros de la academia trasmitirse todas las investigaciones llevadas a cabo por cada uno de ellos. Y eso fue lo que hicieron Étienne y Blaise Pascal junto con Petit: dar a conocer los resultados a Mersenne que residía en París. Petit, incluso, los pone en conocimiento del embajador de Francia en Suecia para que los haga llegar a Descartes, que residía entonces en la corte de la reina Cristina.

Pascal realiza otros experimentos públicos similares en Rouen, ya convencido de la existencia del vacío. Esta vez con tubos mucho más largos, de hasta cuarenta y seis pies, y utilizando mercurio y agua o vino sobre el mercurio de la cubeta para ver el fenómeno con más nitidez; con el tubo en posición vertical, inclinado e, incluso, muy próximo a la horizontal. El resultado siempre era el mismo: el mercurio bajaba siempre la misma altura y no se percibía la existencia de vapores de mercurio mezclados con agua o vino en la parte superior.

En el verano de 1647 Pascal regresa a París con su hermana Jacqueline, y acude a la academia de Mersenne, donde presenta sus experimentos sobre el vacío. Se le felicita y aplaude. Es cuando conoce, a través de Mersenne, el experimento italiano y el nombre de su autor, Torricelli, que Petit ignoraba.

En el mes de octubre de 1647 Pascal publica en París, en la librería de Pierre Margat, una breve exposición titulada *Expériences nouvelles touchant le vide* (*Experiencias nuevas relativas al vacío*).

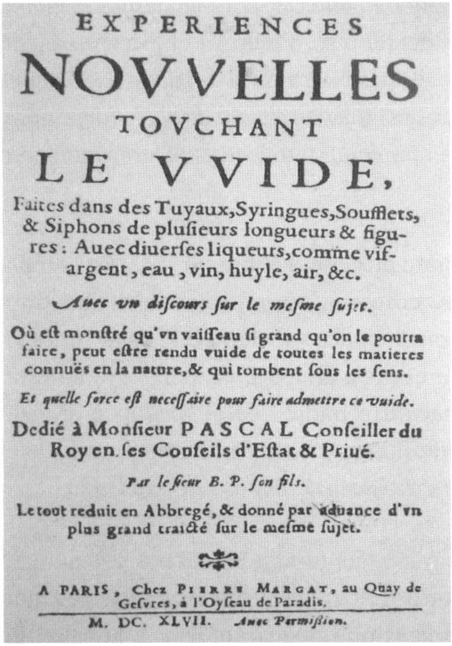
EXPERIENCES
NOVVELLES
TOVCHANT
LE VVIDE,
Faites dans des Tuyaux, Syringues, Soufflets, & Siphons de pluſieurs longueurs & figures : Auec diuerſes liqueurs, comme vif-argent, eau, vin, huyle, air, &c.

Auec vn diſcours ſur le meſme ſujet.

Où eſt monſtré qu'vn vaiſſeau ſi grand qu'on le pourra faire, peut eſtre rendu vuide de toutes les matieres connuës en la nature, & qui tombent ſous les ſens.

Et quelle force eſt neceſſaire pour faire admettre ce vuide.

Dedié à Monſieur PASCAL Conſeiller du Roy en ſes Conſeils d'Eſtat & Priué.

Par le ſieur B. P. ſon fils.

Le tout reduit en Abbregé, & donné par aduance d'vn plus grand traicté ſur le meſme ſujet.

A PARIS, Chez PIERRE MARGAT, au Quay de Geſvres, à l'Oyſeau de Paradis.

M. DC. XLVII. *Auec Permiſſion.*

Portada de *Experiencias nuevas relativas al vacío.*

Se recogen en ella ocho experimentos. En la portada se escribe que están *hechos en tubos, jeringuillas, fuelles y sifones de varias longitudes y formas, con distintos líquidos como plata viva, agua, vino, aceite, aire, etc. Con un discurso sobre el mismo tema, donde se muestra que una vasija tan grande como se pueda hacer, se puede hacer el vacío de todas las materias conocidas en la naturaleza y que caen bajo el sentido y qué fuerza es necesaria para hacer admitir el vacío.* Este pequeño trabajo estaba dedicado por Blaise a su padre Étienne. Lo consideraba sólo un resumen y le promete, por tanto, escribir en el futuro un tratado más grande y amplio.

Después de estos hechos, Pascal recibe una carta del padre jesuita Étienne Noël, amigo y profesor de matemáticas de Descartes, en la que sostiene la inexistencia del vacío. Repitiendo las palabras de Descartes, le dice que el vacío está ocupado por la *materia sutil*, lo que otros llaman *éter*, que es incolora, inodora e invisible. El hecho de que el vidrio deje pasar la luz prueba que ese material tiene poros, lo suficientemente pequeños para que el aire exterior, el aire ambiente *grosero*, pueda penetrar; por ello, también el aire *sutil* atraviesa las paredes del tubo para rellenar el espacio dejado por el mercurio. De hecho, esta primera carta del padre Noël no es más que el resumen de su obra titulada *Le plein du vide*, que escribe en contra de Pascal y que aparecerá publicada posteriormente en mayo de 1648.

Blaise Pascal le responde el 29 de octubre de 1647. En la réplica, le define y precisa las normas y los principios del método a seguir en toda investigación científica y le demuestra que sus razonamientos para demostrar el vacío en los tubos con mercurio, son falsos. Al recibir la contestación, el padre Noël se reconoce vencido por los argumentos de la demostración de Pascal, respondiéndole: "*Vuestra objeción me ha hecho desistir de mis primeras ideas*".

Otro jesuita, el padre Talon, contesta a Pascal por petición del padre Noël; pero le dice que no hace falta que le responda, alegando que Noël no desea polémicas que puedan afectar a la salud de

Pascal. También *"le pide no mostrar esa respuesta a nadie, pues está escrita para él sólo y las cartas son cosas particulares".*

Para demostrar definitivamente que es la presión del aire sobre el mercurio lo que equilibra la columna del metal, Pascal piensa en dos experimentos nuevos. El primero, conocido como *el vacío en el vacío*, demostrará que el mercurio del tubo puede descender, incluso, hasta el nivel de la cubeta; el segundo, que la altura del mercurio puede variar entre esos dos límites: es su *Expérience du Puy-de-Dôme*.

El primero de ellos consiste en hacer el vacío alrededor del tubo de Torricelli. Si es cierto que la suspensión del mercurio es debida a la presión del aire exterior, suprimiendo este aire el mercurio del tubo caerá completamente en la cubeta. Pascal logra realizar el experimento de Torricelli en el interior de otro experimento de Torricelli. Esta prueba fue realizada de forma independiente por Pascal, Roberval y por el matemático francés Adrien Auzout (1622-1691).

Para ello:

- Se prepara un tubo de amplio diámetro abierto por su parte superior y cerrado con una membrana por la inferior, tubo que se introduce en una cubeta con mercurio.
- En el interior de este tubo se introduce otro de menor diámetro lleno de mercurio, cerrado por sus dos extremos y colocado sobre otra cubeta, pero sin mercurio.
- Después se llena completamente con mercurio el tubo de mayor diámetro hasta llegar al borde superior del tubo más estrecho, tapándolo a continuación por la parte superior.
- Al quitar la membrana que obturaba el tubo más grueso por la parte inferior, el mercurio desciende por éste y, a su vez, produce el vacío alrededor del tubo más estrecho; sólo queda mercurio en la cubeta de este último.

- Si se suprime ahora la membrana que obturaba la base del tubo interior, el de menor diámetro, el mercurio que contenía desciende por el mismo hasta alcanzar el nivel de su cubeta.
- Ello prueba que es la presión del aire exterior sobre la masa del mercurio en el tubo interior lo que causa la suspensión del metal en dicho tubo. Al no existir esa presión exterior, el mercurio desciende por el tubo estrecho hasta enrasar su cubeta.

Esta descripción es la que se encuentra en una segunda obra debida al padre Noël: *Gravitas comparata*. La dificultad del experimento radica en cómo quitar el tapón que cierra, por su parte inferior, el tubo pequeño una vez que el grande está herméticamente cerrado. El experimento ha sido reproducido hace muy pocos años, en 1978, por los investigadores japoneses Kimiyo Koyanagi y Akira Kurobé.

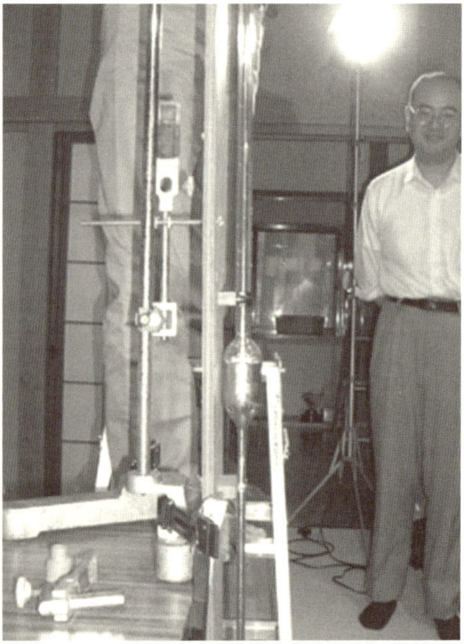

Reproducción reciente del experimento del "vacío en el vacío".

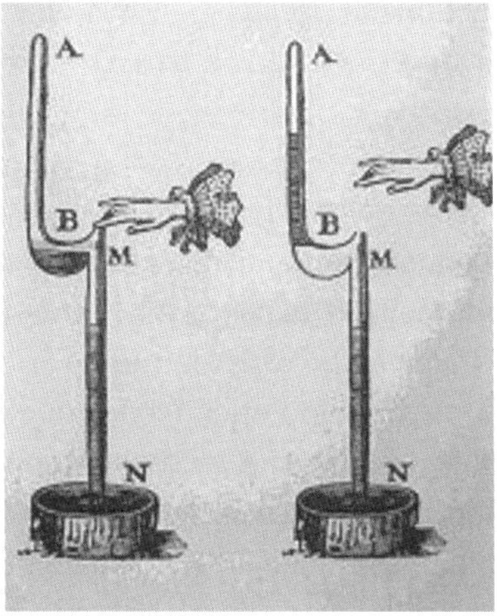

Representación del
experimento del vacío en el vacío en la obra
Tratado sobre el peso de la masa del aire.

Pascal propondrá en su *Traité de la pesanteur de la masse de l'air* (*Tratado sobre el peso de la masa del aire*), en el capítulo VI, una segunda forma para este experimento. Emplea un tubo ABMN curvado en B y con una abertura taponada en M. Se llena todo él de mercurio y luego se coloca el extremo inferior N en una cubeta también con mercurio. Al abrir el orificio N se observa que el mercurio permanece suspendido en el tubo MN, pero sólo hasta una altura de unas 26 a 27 pulgadas. En cambio, como la parte M del tubo está vacía, no se ejerce presión alguna sobre el mercurio, ni en la curvatura B ni en la parte superior BA. Por consiguiente, el mercurio de esa parte caerá libremente hacia la curvatura. Pero si se da acceso al aire por la abertura M, el mercurio que estaba en la curvatura asciende por el tubo BA, mientras que el que estaba en MN descenderá completamente.

Veamos ahora el segundo experimento, en el que se prueba que la presión del aire varía, concretamente disminuye, con la altitud. El padre Mersenne ya había tenido la idea de realizar este experimento en una montaña; también Descartes, y nos lo dice Pascal, pretendía *experimentar si la plata viva subía tan alto cuando se estaba sobre una montaña que cuando se estaba debajo.*

El 15 de noviembre de 1647 Blaise Pascal, que se encontraba en París, le pide a su cuñado Périer ayuda para repetir una vez más el experimento de Torricelli en un flanco del Puy-de-Dôme, situado en el Macizo Central francés, cerca de Clermont-Ferrand donde, como sabemos, vivía el matrimonio Périer. Piensa que a medida que se asciende la presión debe bajar y, en consecuencia, la altura del mercurio en el tubo barométrico debe disminuir. Advierte además a su cuñado que el experimento deberá realizarse *al pie y en la cima*, el mismo día, con dos tubos y utilizando el mismo mercurio y en presencia de testigos. Pero deberán pasar diez meses hasta que el experimento se realice.

El 19 de septiembre de 1648, sobre las ocho de la mañana, en el jardín de la iglesia de Saint-Pierre-des-Minimes, situado actualmente en la plaza de Jaude, punto más bajo de Clermont-Ferrand, Périer repite el experimento con unos amigos, magistrados y eclesiásticos, como el canónigo de la catedral y el padre superior. Deja en ese lugar un tubo testigo bajo la custodia del padre Chastin que nota que apenas hay variaciones en el mercurio del tubo. Se trata de una zona de depresión y, por tanto, con una presión más o menos constante. El grupo acometió la ascensión al Puy-de-Dôme y llegó hasta la cima de la montaña, a una altitud de 1465 metros sobre el nivel del mar. Hicieron y repitieron el experimento barométrico varias veces. Resultado: entre el punto de partida y la cima la columna de mercurio había bajado tres pulgadas, es decir, unos 84 milímetros. Al regreso, realizan otro experimento a una altitud intermedia, en la Font de l'Arbre. Al día siguiente, Périer repite el experimento en la torre de la catedral de Clermont. Pascal hará lo mismo en París, en la torre de Saint-Jacques de la Boucherie y Gassendi, en 1650, con otros amigos, en el monte Faron, cerca de Toulon.

Esta será la conclusión de Pascal: *el horror al vacío no es más que la miseria oculta de la ignorancia de los filósofos; la naturaleza no siente ninguna repugnancia por el vacío y todos los efectos que se le han atribuido proceden del peso y de la presión del aire.* Todas las objeciones sobre el vacío quedaban descartadas.

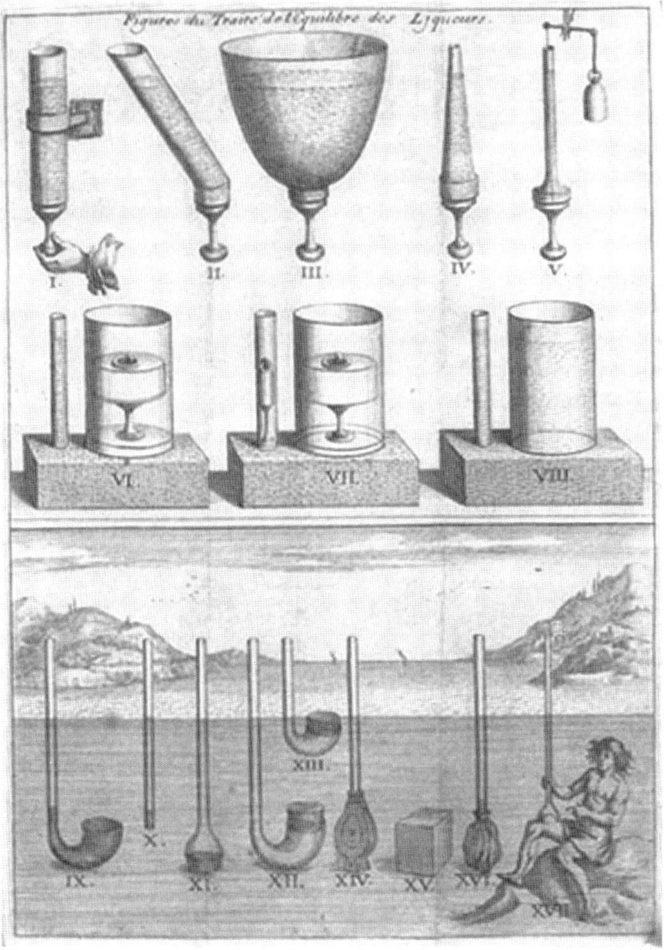

Grabado de
El equilibrio de los líquidos.

Los resultados del experimento los publicó Pascal en 1648 en *Récit de la grande expérience de l'equilibre des liqueurs* (*Relato de la gran experiencia del equilibrio de los líquidos*). En su presentación se dice que el experimento ha sido proyectado por el señor Pascal, que la redacción es un complemento al tratado sobre el vacío hecho con anterioridad, que ha contado con la ayuda del señor Périer y que se ha efectuado en una de las montañas más altas de la región de Auvernia.

Blaise Pascal estudia e investiga otros asuntos relacionados con los líquidos. En sus *Traités de l'équilibre des liqueurs, et de la pesanteur de la masse de l'air* (*Tratados sobre el equilibrio de los líquidos, y el peso de la masa del aire*) nos ha dejado su teoría general de la hidrostática. Esta obra no vio la luz hasta después de su muerte, en 1663, editada por su cuñado Florin Périer.

En la primera de las obras citadas se nos habla de dos principios importantes: el primero, que los líquidos pesan según su altura; el segundo se refiere a la prensa hidráulica. Pascal demuestra en la segunda de sus obras que todos los efectos atribuidos al horror del vacío no son más que casos particulares del equilibrio de los líquidos.

En una de las planchas de *El equilibrio de los líquidos* se ilustra, en la primera fila, la paradoja según la cual basta con emplear una misma fuerza para retener el agua contenida en vasijas de distintas formas, pero siempre de la misma altura. En la segunda fila se compara la máquina de Benedetti, la prensa hidráulica, con los vasos comunicantes. La tercera, representa distintos ejemplos de equilibrio entre líquidos diferentes.

En los comentarios a las obras completas de Blaise Pascal (Éditions du Seuil, 1963) leemos que "[...] *de esta manera el Pascal geómetra, dotado de una imaginación creadora, se nos revela como físico, uniendo el sentido de la observación al sentido de la experimentación y al sentido crítico*".

7 Los números y las probabilidades

Se encuentra mejor la verdad
por el sentimiento natural
que por las demostraciones.

Blaise Pascal

A partir del invento de la máquina sumadora Pascal se interesa por la representación geométrica de las sucesiones de los números, como los números triangulares, los poligonales, etc., en las que se basó para construir su famoso *triángulo aritmético*, triángulo conocido desde mucho tiempo atrás. La organización de los números en forma de triángulo ya la utilizaban los chinos en la Edad Media y los árabes en el siglo X; el matemático alemán Michael Stifel (1487-1567) en su *Arithmetica integra* se sirvió de ella para calcular raíces; el matemático italiano Niccolò Fontana, más conocido por Tartaglia (1499-1557), lo cita en su tratado sobre *números y medidas* para calcular el total de maneras en las que podían caer n dados; y Gerolamo Cardano (1501-1576) utiliza una disposición triangular de números, la más parecida a la de Pascal, para el cálculo combinatorio.

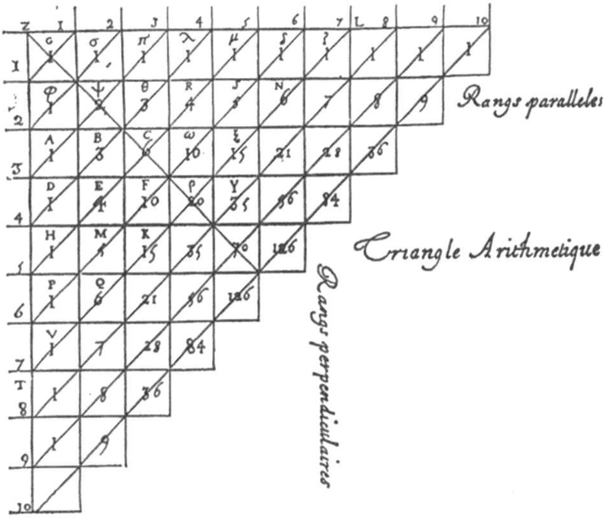

Triángulo aritmético original de Pascal.

Se dice que Pascal pudo haberse inspirado para la construcción de su triángulo en otro del flamenco Simon Stevin (1548-1620), quien, como Stifel, también lo usaba para la extracción de raíces. Parece que Pascal también conocía otra tabla, la contenida en un tratado de Pierre Hérigone (1580-1643) sobre álgebra, que servía para el cálculo de los coeficientes del desarrollo de $(a+b)^n$. Será la misma que Mersenne presenta en su *Harmonie universelle* (1636).

Pascal comienza sus investigaciones sobre el *triángulo aritmético* en 1654. Es el primero en estudiarlo sistemáticamente, haciendo incluso imprimir una memoria, *Traité du triangle arithmétique* (*Tratado del triángulo aritmético*), alguna de cuyas partes no verá la luz hasta 1665, después de su muerte, editadas en la imprenta de Guillaume Desprez. Las secciones más técnicas del libro están redactadas en latín, las más sencillas o vulgares, en francés.

Pero lo que hace que Pascal sea reconocido como verdadero investigador de la construcción y del contenido de este triángulo es el hecho de haber ido más lejos que sus predecesores: introduce el razonamiento por recurrencia, utiliza la disposición triangular para distintas aplicaciones de la aritmética, como los órdenes numéricos, la combinatoria, los coeficientes de las potencias del binomio, la suma de potencias numéricas, el producto de números consecutivos, y lo emplea también para otra rama de su invención, las probabilidades, investigando sobre el problema de los *partis*, los *repartos* o *repartimientos.*

En la obra mencionada, Pascal dispone los números empleando un triángulo rectángulo como el que se muestra en la ilustración. Comienza con una serie de definiciones y llama *rangos paralelos* a las líneas horizontales del triángulo, *rangos perpendiculares* a las verticales, *bases* son las diagonales paralelas a la base del triángulo, es decir, a la hipotenusa, y *cellules, celdas* o *casillas*, las formadas por las intersecciones de las líneas horizontales y verticales. Los rangos están numerados, tanto en horizontal como en vertical, mediante *les exposants*, lo que hoy podríamos llamar coordenadas. La primera fila y primera columna contienen el número 1 en todas sus casillas. Precisamente al número contenido en la casilla más próxima al ángulo recto, Pascal le llama *generador* del triángulo, que en el caso que nos ocupa es el 1, pero que podría ser cualquier otro entero. Dos casillas pertenecientes a una misma base se llaman *recíprocas* si distan lo mismo de sus extremos. Por ejemplo, en la base 5 son recíprocas las casillas separadas de sus respectivos extremos por una sola: las dos tienen el mismo contenido, el 4.

Así se completan los contenidos del resto de casillas del triángulo: cada casilla de una base es la suma de las dos casillas que le preceden y siguen en la base anterior. Por ejemplo, el 4 de la base 5 es la suma de 1 y 3 de la base 4.

Pascal nos ha dejado escritas en su tratado dieciocho consecuencias además de otra a la que llama *consecuencia última.* Las once primeras tratan sobre igualdades existentes entre los números de las distintas casillas; a partir de la doce Pascal se interesa por las proporciones que relacionan los números con las coordenadas horizontales y verticales. Trascribiremos algunas de ellas, empleando un lenguaje matemático actual.

Consecuencia primera. Todos los números de la primera línea y de la primera columna son iguales entre sí e iguales al número generador.

Consecuencia segunda. Todo número de una determinada línea horizontal es igual a la suma de todos los números contenidos en la línea anterior, desde su inicio hasta el que está sobre el número considerado. Por ejemplo, el 6 de la tercera fila es igual a 1 + 2 + 3 de la segunda fila.

Consecuencia tercera. Todo número es igual a la suma de los elementos que están en la columna precedente, desde su inicio hasta el que está en la misma fila que el número considerado. Así, el 10 de la tercera columna es igual a 1 + 2 + 3 + 4 de la segunda.

Consecuencia cuarta. Todo número disminuido en una unidad es igual a la suma de todos los situados entre la fila y columna precedentes al número considerado y hasta el origen del triángulo. Así, el 10 de la fila tercera, cuarta columna, disminuido en uno, 9, es igual a la suma 1 + 1 + 1 + 1 + 2 + 3.

Consecuencia quinta. En todo triángulo aritmético todo número situado en una determinada base es igual a su recíproco.

Consecuencia sexta. Las líneas horizontales y verticales que tengan las mismas coordenadas contienen los mismos números.

Consecuencia séptima. En todo triángulo aritmético la suma de los números de una base es igual al doble de la suma de los números de la base precedente. Así, la suma de los elementos de la base 5: 1 + 4 + 6 + 4 + 1 = 16, es igual al doble de los contenidos en la base 4: 1 + 3 + 3 + 1 = 8.

1	**1**	**1**	**1**	**1**	**1**	**1**	**1**
1	**2**	**3**	**4**	**5**	**6**	**7**	
1	**3**	**6**	**10**	**15**	**21**		
1	**4**	**10**	**20**	**35**			
1	**5**	**15**	**35**				
1	**6**	**21**					
1	**7**						
1							

Triángulo aritmético de Pascal.

En la *Consecuencia doce*, Pascal hace uso, por primera vez, de la inducción matemática completa o demostración por recurrencia: *en todo triángulo aritmético, si se toman dos casillas consecutivas pertenecientes a una misma base, la superior es a la inferior, como el total de casillas desde la superior, ella comprendida, hasta la parte alta de la base es al total de casillas desde la inferior, ella comprendida, hasta la parte baja de la base.* Tomemos, por ejemplo, la base 5, y de ella 6 y 4. Entonces, el total de casillas comprendidas entre el 6 y lo alto es 3 y el de casillas comprendidas entre el 4 y la parte baja es 2. Entonces, es 6/4 = 3/2.

Pascal demuestra que esto se verifica en todas las bases y para ello se apoya en dos lemas: el primero en el que dice que *esta proposición es evidente en la segunda base, pues 1 es a 1 como 1 es a 1*; el segundo donde anota *que si esta proporción se encuentra en una base cualquiera, se encontrará también en la base siguiente.* Y termina: *de donde se ve que ella se da necesariamente en todas las bases pues se da en la segunda por el primer lema y por el segundo también en la tercera base, después en la cuarta y hasta el infinito.*

En su trabajo titulado *Divers usages du triangle arithmétique dont le générateur est l'unité* (*Diversos usos del triángulo aritmético cuyo generador es la unidad*) figuran cuatro aplicaciones: los órdenes numéricos, las combinaciones, la determinación de los repartos y la potencia de los binomios $(a+b)$ o $(a-b)$. Pascal llama *apotome* a los segundos.

La regla con la que Pascal rellena su triángulo le sirve para representar los *órdenes numéricos*. Así, la primera fila está formada por la unidad, es decir, por los números de *primer orden*. Cada elemento de la segunda, como sabemos, se obtiene de la primera sumando los anteriores consecutivamente:

$$\begin{array}{ccccccc} 1 & 1 & 1 & 1 & 1 & 1 & \cdots \\ 1 & 2 & 3 & 4 & 5 & 6 & \cdots \end{array}$$

llegando así a la sucesión natural o números de *segundo orden*. Continuando de esta manera obtenemos la tercera fila del triángulo, que coincide con la sucesión de *tercer orden* o *números triangulares*:

$$1 \quad 3 \quad 6 \quad 10 \quad 15 \quad 21 \quad \cdots$$

en la que cada elemento vale

$$T_n = 1 + 2 + 3 + \cdots + (n-2) + (n-1) + n = n(n+1)/2$$

De igual manera, a partir de los anteriores, se forma el *cuarto orden*, o de los *números piramidales*, que constituyen la cuarta fila del triángulo de Pascal:

$$1 \quad 4 \quad 10 \quad 20 \quad 35 \quad 56 \quad \cdots$$

Con esta construcción de una línea a partir de la precedente, y siguiendo hasta el infinito, se obtienen todos los *números figurados*.

Las matemáticas de las *combinaciones* no eran desconocidas en la época de Pascal. El padre Mersenne, que era un apasionado de la música, utilizaba la teoría de las variaciones, permutaciones y combinaciones para la disposición de notas musicales. Pascal, por su parte, únicamente considera las combinaciones sin repetición y para él el orden de los elementos combinados no dará lugar a combinaciones diferentes.

Pascal se sirve de su triángulo para resolver con facilidad el total de combinaciones, es decir, *dados dos números, averiguar cuántas veces uno se combina con el otro*, lo que con palabras actuales diríamos, calcular $C_{m,n}$. Este problema se lo había propuesto su amigo Aimé de Gaignières.

Pascal se apoyó en varios lemas que él mismo enunció. Veamos alguno de ellos.

Lema I. *Un número no se combina con otro más pequeño. Por ejemplo, 4 no se combina con 2.* Para nosotros, eso significa que $C_{m,n} = 0$ si es $m < n$.

Lema II. *Un número cualquiera se combina sólo una vez con su igual. 1 en 1 se combina una vez, 2 en 2 se combina una vez.* Equivale a $C_{m,m} = 1$.

Lema III. *La unidad se combina con cualquier número que sea tantas veces como unidades contiene.* Dicho en nuestro lenguaje, $C_{m,1} = m$.

En relación con este lema, Pascal desconocía que $C_{m,0} = 1$.

Lema IV. *Si se tienen cuatro números cualesquiera, el primero tal como se quiera, el segundo más grande que la unidad, el tercero como se quiera, pero que no sea menor que el segundo, el cuarto más grande en una unidad que el tercero: el total de combinaciones del primero con el tercero, junto con el total de combinaciones del segundo con el tercero, iguala al total de combinaciones del segundo con el cuarto.*

Pascal nos deja en su escrito un ejemplo: sea el primero 1; el segundo, más grande en una unidad, 2; el tercero, por ejemplo, 3 y el cuarto, superior al tercero en una unidad, 4. Entonces, el total de combinaciones de 1 con 3 más el total de 2 con 3 es igual al total de combinaciones de 2 con 4.

Con el lenguaje matemático actual el ejemplo lo escribiríamos como $C_{3,1} + C_{3,2} = C_{4,2}$. Los tres primeros lemas son inmediatos. La demostración del cuarto, basada en los lemas citados, le ocupa a Pascal varios párrafos. En general, este último lema se expresaría así:

$$C_{m,n} + C_{m,n+1} = C_{m+1,n+1}$$

Como ya hemos visto, los números figurados llenan el triángulo de Pascal. Éste, además, investigando su triángulo, se había dado cuenta de que tales números están relacionados con el producto de números consecutivos. Esta es una conclusión de Pascal: *cada producto de tantos números consecutivos como se quiera es un múltiplo del producto de otros tantos consecutivos comenzando por la unidad; y el cociente del uno por el otro es un número figurado.* Con esta propiedad o conclusión, Pascal transforma su triángulo en cocientes iguales a cada uno de los números figurados que contiene. Por ejemplo, los cinco primeros elementos de la primera fila serían los cocientes siguientes,

$$1 \qquad \frac{1}{1} \qquad \frac{1 \cdot 2}{1 \cdot 2} \qquad \frac{1 \cdot 2 \cdot 3}{1 \cdot 2 \cdot 3} \qquad \frac{1 \cdot 2 \cdot 3 \cdot 4}{1 \cdot 2 \cdot 3 \cdot 4}$$

cocientes que valen, respectivamente, 1, 1, 1, 1, 1.

De igual manera, los cinco primeros cocientes correspondientes a la segunda fila, serían,

$$1 \qquad \frac{2}{1} \qquad \frac{2 \cdot 3}{1 \cdot 2} \qquad \frac{2 \cdot 3 \cdot 4}{1 \cdot 2 \cdot 3} \qquad \frac{2 \cdot 3 \cdot 4 \cdot 5}{1 \cdot 2 \cdot 3 \cdot 4}$$

cuyos valores respectivos son 1, 2, 3, 4, 5.

Un número figurado cualquiera, como el 6, tercero de la tercera fila, sería el cociente,

$$\frac{3 \cdot 4}{1 \cdot 2}$$

Pasar de aquí a los *números combinatorios* ya no ofrece ninguna dificultad a Pascal. Así, volviendo al ejemplo último del número 6, y empleando nuestra actual notación, tendremos:

$$6 = \frac{3 \cdot 4}{1 \cdot 2} = C_{4,2} = \binom{4}{2} = \frac{4!}{2!2!} = \frac{1 \cdot 2 \cdot 3 \cdot 4}{1 \cdot 2 \cdot 1 \cdot 2}$$

Entonces, los primeros elementos de la tercera fila del triángulo serían los siguientes números combinatorios:

$$\binom{2}{0} = 1, \quad \binom{3}{1} = 3, \quad \binom{4}{2} = 6, \quad \binom{5}{3} = 10, \quad \ldots$$

Y, por ejemplo, la quinta base del triángulo está formada por los números combinatorios siguientes:

$$\binom{4}{0}, \binom{4}{1}, \binom{4}{2}, \binom{4}{3}, \binom{4}{4}$$

Esta forma de escribir los números combinatorios no fue la empleada por Pascal, puesto que todavía no era conocida. Tampoco el signo utilizado para los factoriales.

En general, sabemos que:

$$C_{m,n} = \binom{m}{n} = \frac{m!}{n! \cdot (m-n)!}$$

El triángulo aritmético de Pascal o, lo que es lo mismo, la tabla de las combinaciones, permite demostrar numerosas proposiciones relativas al cálculo combinatorio.

Así comienza Pascal su teoría del desarrollo de la potencia de un binomio: *Si se propone encontrar la potencia cualquiera, como la de cuarto grado, de un binomio cuyo primer número sea A y el otro la unidad, es decir, el cuadrado-cuadrado de A + 1, es preciso tomar en el triángulo aritmético la base quinta, a saber, la de la coordenada 5, una unidad más grande que 4 que es el orden propuesto. Las casillas de esta quinta base son 1, 4, 6, 4, 1, y es preciso tomar el primer número 1 para coeficiente de A al grado propuesto, es decir,* A^4*; a continuación, tomar el segundo número de la base que es 4 para coeficiente de A al grado propuesto menos una unidad, es decir,* $4\ A^3$*; [...]. Y así se obtendrá,* $1\ A^4 + 4\ A^3 + 6\ A^2 + 4\ A + 1$*, que será la potencia del cuadrado cuadrado del binomio A + 1.*

Pascal indica después, en su *Résolution genérale des puissances numériques* (*Resolución general de las potencias numéricas*), que la regla anterior es válida para toda potencia del binomio propuesto en su ejemplo, pero también sirve para toda potencia de un binomio $(a+b)$ cualquiera, ya que la base de coordenada $m + 1$ nos da los coeficientes del desarrollo en potencias sucesivas de $(a+b)^m$. Más adelante, Pascal dice que es posible también resolver las potencias de los *apotomes*, de los binomios con signo *menos*, A – 1, A – 2, etc., *pues los signos + y – se siguen siempre alternativamente, y el signo + es siempre el primero.*

La fórmula del desarrollo del binomio lleva, con toda justicia, el nombre de *binomio de Newton* ya que a él se debe su generalización a exponentes cualesquiera: enteros, fraccionarios o inconmensurables, pero fue Blaise Pascal el primero que la descubre y utiliza para los números naturales. Se sospecha que los matemáticos alejandrinos que vivieron en los primeros siglos de nuestra era también hicieron uso de ella pero para números muy pequeños.

Por último, hablaremos brevemente sobre el *problema de los repartos*. Se tiene muchas veces la idea de que Pascal, inventor del cálculo de probabilidades, podría haber introducido esta noción durante el estudio de su triángulo aritmético dado que el problema de los *repartos*, que pertenece a los juegos de azar, lo resuelve apoyándose en dicho triángulo. Realmente la noción de probabilidad figura por primera vez en sus *Cartas provinciales*, en 1656, cuando Pascal está enfrascado en sus reflexiones de orden moral y teológico sobre opiniones probables y no sobre el azar.

El cálculo de probabilidades era desconocido para los antiguos. Fue intuido tanto por Cardano como por Galileo, pero sus fundamentos y descubrimiento se deben a Pascal y Fermat; esa cultura fue aprovechada y ampliada, más tarde, por Bernoulli, Moivre, Laplace y Gauss. Como ya hemos dicho en varias ocasiones, Pascal mantenía una correspondencia abundante con los matemáticos de su época, y especialmente con Fermat. En 1654 trata con él del problema de los *partis*, problema del que Pascal llegará a dar una solución plena y rigurosa basada en su triángulo aritmético.

Otros matemáticos antes que Pascal ya se habían preocupado por darle solución. Entre otros, Luca Pacioli, profesor de Leonardo da Vinci, Cardano y Tartaglia, que decía que este problema pertenecía más bien al orden judicial que al racional. Pero, como ha sucedido otras veces, será Pascal quien encuentre una solución sencilla y clara, solución basada, como hemos anunciado, en la teoría de la decisión y no en la de las probabilidades.

Enunciemos la cuestión. El problema de los repartimientos consiste en determinar la parte de una suma apostada o puesta en juego que debe ser entregada a cada jugador cuando se interrumpe el juego, por ejemplo, por abandono de uno de ellos. Pascal habla, en esta solución de sólo dos jugadores.

Pascal no menciona la solución del problema de ninguno de sus predecesores, aunque la suya tenga la misma perspectiva que la de Pacioli. Pascal demuestra que *propuestos dos jugadores a cada uno de los cuales le falta un cierto número de partidas para acabar, [...] es posible encontrar mediante el triángulo aritmético el repartimiento que es preciso hacer si ellos quisieran separarse sin jugar, considerando las partidas que le faltan a cada uno.* La solución está en las bases del triángulo aritmético.

Sea el ejemplo siguiente. Consideremos un juego entre dos jugadores, A y B, en el que al primero le quedan 2 partidas para ganar mientras que al segundo le faltan 4. Para determinar los repartimientos que le corresponden a cada uno basta con leer en el triángulo aritmético el contenido de la base que contiene tantas casillas como partidas le quedan a los dos jugadores juntos, es decir, de la base 2 + 4 = 6 y sumar todos los contenidos de esa base: 1 + 5 + + 10 + 10 + 5 + 1 = 32. Para determinar ahora lo que le corresponde a uno de los jugadores, por ejemplo al A, se calcula, en primer lugar, la suma de los contenidos de tantas casillas, 4, como jugadas le faltan al adversario a contar desde el extremo de la base, es decir: 10 + 10 + 5 + 1 = 26. Entonces, al jugador A, le corresponderá una fracción igual a 26/32. De igual manera se calculará la fracción que le corresponde al jugador B: (1 + 5)/32 = 6/32. También es posible conocer la ventaja de cada jugador respecto del otro, es igual a la relación entre las dos fracciones anteriores: (26/32)/(6/32) = 26/6.

Tanto la solución de Fermat como la dada por Pascal pasarían por la utilización de un árbol de decisión en el que se incluyeran todas las situaciones posibles; la diferencia entre ambos radica en que Fermat considera en el árbol las situaciones imposibles y Pascal no lo hace.

8 La matemática del infinito

La naturaleza es una esfera infinita
cuyo centro está en todas partes
y cuya circunferencia no está en ninguna parte.

Pensamientos, Blaise Pascal

Para Blaise Pascal existen dos clases de infinitos: el infinito real, que es el infinito en el absoluto, y el virtual, que es el percibido por el hombre; el segundo está relacionado con el primero: *sabemos que es falso que los números sean finitos, puesto que podemos añadirles unidades sin fin; entonces es cierto que hay un número infinito de ellos.* También sabemos que existe un infinito espacial puesto que, a una longitud cualquiera se le puede añadir otra longitud. En su obra *Pensamientos*, Pascal reflexiona de este modo sobre el infinito: *la naturaleza reinicia siempre las mismas cosas, los años, los días, las horas e incluso los espacios. Y los números están, de principio a fin, uno a continuación del otro; así se forma una especie de infinito y de eternidad.*

En 1658 Blaise Pascal comenzó de nuevo a trabajar sobre las matemáticas aprovechando que sufría temporadas de insomnio debido a su permanente enfermedad. Aplicó el método de los *indivisibles*, establecido por Cavalieri, para encontrar el área y el centro de gravedad de un segmento cualquiera de la cicloide, lo que hoy resolvemos mediante el cálculo integral. Además, calculó el volumen y el área de la superficie del sólido de revolución, ambos engendrados por la rotación de un arco de la cicloide alrededor de su eje o base. También investigó la geometría de la espiral de Arquímedes.

Uno de los principios del matemático y jesuita italiano Buenaventura Cavalieri (1598-1647), el relativo al cálculo de áreas, dice que *"dos recintos cerrados planos tales que, las secciones obtenidas por un sistema de rectas paralelas sean segmentos respectivamente iguales en un recinto que en el otro, tienen igual área"*. Este principio es generalizable al cálculo de volúmenes de cuerpos sólidos y tal generalización, constituye el segundo principio de Cavalieri: *"si las secciones producidas en dos sólidos mediante un sistema de planos paralelos, son respectivamente equivalentes, entonces los volúmenes de esos cuerpos sólidos son iguales". Ambos principios se recogen en el siguiente teorema: "si dos recintos o cuerpos tienen la misma altura, y si las rectas o planos*

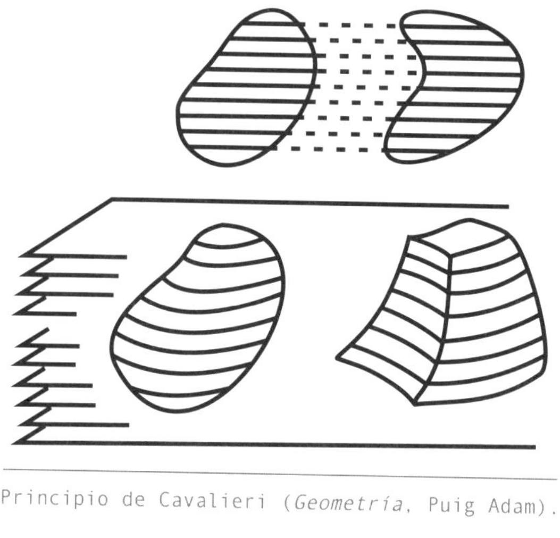

Principio de Cavalieri (*Geometría*, Puig Adam).

paralelos a una orientación dada, producen secciones equivalentes, los dos recintos o cuerpos sólidos son equivalentes".

La principal contribución de Cavalieri, en contraste completo con el espíritu griego, fue su *método de los indivisibles* cuyos resultados publicó en 1635 en su *Geometria indivisibilibus continuorum nova quadam ratione promota*, en la que desarrolló ciertas ideas de sus precursores, como Kepler. Constituye la primera sistematización racional de los procedimientos infinitesimales encontrados en el método de *exhaución* de líneas sin grosor. Un volumen está formado por un número infinito de superficies infinitamente delgadas. Cavalieri calculó con su método áreas y volúmenes. La idea básica es que los cuerpos geométricos se engendran por elementos llamados *indivisibles*. Así, una línea está constituida por un número infinito de puntos, cada uno de ellos carente de magnitud; una superficie se compone de un número infinito de centros de gravedad de varias figuras curvilíneas.

Cuando Pascal, que también se apoyó en esa teoría, lanzó el desafío sobre las investigaciones de la cicloide, comenzaba el segundo capítulo hacia el cálculo integral: Arquímedes había escrito el primero.

El principio de Cavalieri se asemeja a la teoría desarrollada por Pascal para la obtención de áreas y volúmenes. En cualquier caso, y visto desde la perspectiva actual, la teoría es, como acaba de apuntarse, la base del cálculo integral en el que se utilizan franjas de rectángulos o de trapecios de áreas infinitamente pequeñas para encontrar el área de una figura plana o el volumen engendrado por una curva que gira alrededor de un eje. Nos estamos refiriendo, por ejemplo, a las fórmulas del británico Thomas Simpson (1710-1761) o del matemático y militar francés Poncelet (1788-1867).

Los teoremas del matemático suizo Guldin (1577-1643) para el cálculo de centros de gravedad de líneas, superficies o volúmenes, constituyen también otra derivación de las teorías de Pascal y de Cavalieri, al relacionar la longitud de la línea o el área del recinto que gira alrededor de un eje con la circunferencia que describe el centro de gravedad de la línea o superficie en ese giro.

El infinito de los griegos

"Eudoxo, Apolonio y Arquímedes, que fueron sin duda los más finos y audaces matemáticos de la Antigüedad, desenvolvieron a la perfección un análisis puramente óptico de lo concreto, partiendo del valor que para los antiguos tenía el límite plástico y aplicando principalmente la regla y el compás. Emplearon métodos profundos y de difícil acceso para nosotros, una especie de cálculo integral, que sólo es semejante al método de la integral definida de Leibniz; usaron lugares geométricos y coordenadas que son verdaderos números y líneas definidas, y no, como en Fermat y sobre todo en Descartes, relaciones innominadas del espacio, valores de puntos, relativos a su posición. Entre esos procedimientos se destaca el método de exhaución empleado por Arquímedes en el tratado que dedica a Eratóstenes; aquí ya no se obtiene la cuadratura del segmento de parábola calculando polígonos semejantes, sino rectángulos inscritos. Pero justamente esta manera tan ingeniosa y complicada de resolver el problema, fundándose en ciertas ideas geométricas de Platón, pone de manifiesto la enorme diferencia entre esta intuición y la de Pascal, por ejemplo, que se le parece superficialmente".

"Significado de los números"
Oswald Spengler
De El mundo de las matemáticas

Los trabajos de Pascal constituyen, según D'Alambert, el puente entre la geometría de Arquímedes y el cálculo infinitesimal e integral de Newton. Leibniz, leyendo el escrito de Pascal, *Traité des sinus du quart de cercle* (*Tratado de los senos del cuadrante del círculo*), escrito alrededor de 1657, dijo que se había dado cuenta de que el problema inverso al del cálculo de áreas de recintos cerrados por curvas era el problema de trazar tangentes a esas curvas. Había nacido el *cálculo diferencial*.

En los últimos años de vida, Pascal aborda el tema del infinito al tratar de calcular áreas y volúmenes de distintas figuras geométricas, fijándose retrospectivamente en el *método de exhaución* de Arquímedes y de Eudoxo de Cnido (408-355 a.C). Este método trabaja con magnitudes homogéneas y está basado en el siguiente hecho: si se resta de una magnitud más de su mitad, y de lo que queda se resta más de su mitad, y así sucesivamente, después de un número finito de operaciones como esa se obtiene una magnitud inferior a la diferencia de las dos magnitudes iniciales.

Este proceso dicotómico evitaba el *paso al límite*, que en aquel entonces suponía una incursión en el mundo desconocido del infinito. El método fue utilizado por Euclides y Arquímedes para calcular áreas de figuras irregulares o limitadas por curvas a base de inscribir o circunscribir triángulos, cuadrados o rectángulos, a las figuras en estudio. De esa forma se aproximaba, lo más exactamente posible, el área deseada. Como aplicación de esta teoría y para calcular la cuadratura de un arco de parábola, Arquímedes inscribió un primer triángulo en el arco, al que siguió una serie de ellos de forma que cada uno se aproximaba más al propio arco parabólico.

Este método gozaba de un considerable prestigio en la época de Pascal y él mismo lo aplica al problema difícil de comparar los arcos de una espiral y una parábola. En la carta de A. Dettonville al señor A. D. D. S., es decir, de Pascal al señor Arnauld Docteur de Sorbonne, escrita en París el 10 de diciembre de 1658, Pascal expone toda una teoría sobre la *L'égalité des lignes spiral et parabolique* (*Igualdad de las líneas espiral y parabólica*).

Al principio de su carta, Pascal dice: *[...] he resuelto examinar por mí mismo si la línea a la cual se puede comparar la línea parabólica dada es una línea recta o una espiral o una circunferencia de círculo [...], y sin considerar ni los métodos de los movimientos, ni el de los indivisibles, sino siguiendo el de los antiguos, de manera que la cosa pueda ser ahora consistente y sin discusión.*

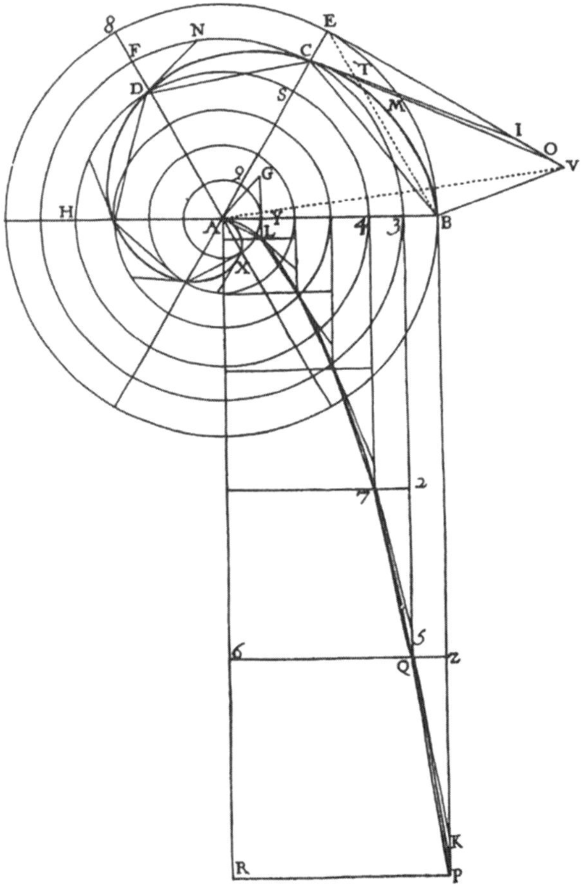

Arcos de espiral y parábola.

El estudio comienza con cinco propiedades sobre la circunferencia en las que se relacionan su radio, diámetro, tangente, arco y cuadrante. Pasa a continuación a exponer y demostrar ciertas propiedades de la espiral y de la parábola, a la vez que define y hace *corresponder* arcos de parábola con los respectivos de la circunferencia. Supone, para esto último, que la parábola es tangente al radio *AB* con el que comienza la primera revolución de la espiral. Finaliza, estableciendo y demostrando las *relaciones existentes entre los arcos de espiral y parábola* y termina con el siguiente teorema: *Si una parábola y una espiral están en la condición supuesta: yo digo que la línea parabólica es igual a la línea espiral.*

Sluze, Huygens y Fermat señalaron un defecto en la última parte de las pruebas de Pascal. El error fue corregido.

Las teorías de Cavalieri y el método de los *indivisibles* utilizaban un entorno que era heterogéneo: las líneas sirven para hallar cuadraturas; las superficies para encontrar volúmenes. La idea básica era que los cuerpos geométricos se engendraban mediante elementos *indivisibles* con una dimensión menos.

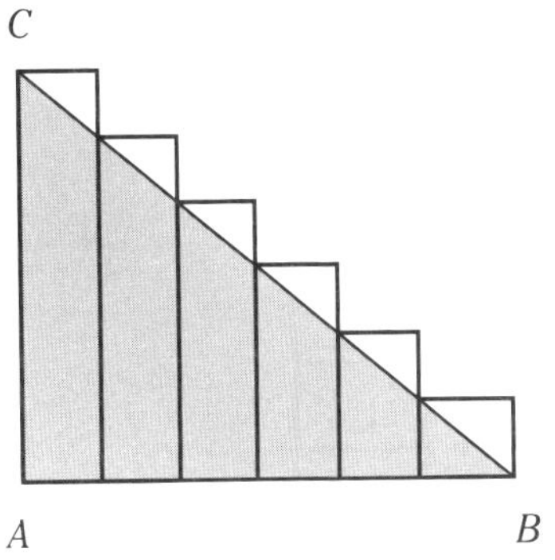

Las ordenadas de Roberval.

Roberval proponía en su *Traité des indivisibles* convertir el método de Cavalieri en otro equivalente que fuera totalmente homogéneo. Supongamos un triángulo rectángulo isósceles *ABC*; subdividamos la base *AB* en trozos y tracemos los sucesivos segmentos 1, 2, 3,... perpendiculares a la misma. Roberval llama *ordenadas* a los distintos rectángulos así formados sobre los trozos de la base. Entonces, la suma de esas *ordenadas* será una superficie tal que a medida que el número de subdivisiones aumente, más se parecerá esa suma al área del triángulo. Detrás de esto estaba escondido el cálculo integral.

Uno de los primeros conceptos introducido por Pascal es la *trilínea*, de la que da la siguiente definición, que tomamos literalmente de su obra: *una trilínea rectángulo, ABC, está compuesta por dos rectas en ángulo recto, AB y AC, de las que AB, por ejemplo, es el eje y la otra la base y por una curva cualquiera BC. [...] Las rectas perpendiculares al eje AB, desde D hasta la curva, se llamarán ordenadas al eje. [...] Las perpendiculares desde los puntos E de la base a la curva, se llamarán ordenadas a la base.*

Pascal aprovecha la teoría de los *indivisibles*, utilizando una solución análoga a la de Roberval, para definir y aplicar sus propios conceptos, alguno de los cuales vamos a precisar. Una *ordenada* XY es realmente para Pascal, que emplea en esta ocasión el lenguaje de los algebristas, el área de un pequeño rectángulo, $XY \cdot \Delta X$. Y la suma de ordenadas XY es el conjunto de las áreas de los rectángulos adyacentes, $\Sigma\ (XY \cdot \Delta X)$. El concepto puede aplicarse a cualquier línea curva.

De acuerdo con esta convención de Pascal, la suma de las ordenadas, bien del eje o de la base de cualquier trilínea, daría como resultado el área de una superficie plana, que se aproximará tanto

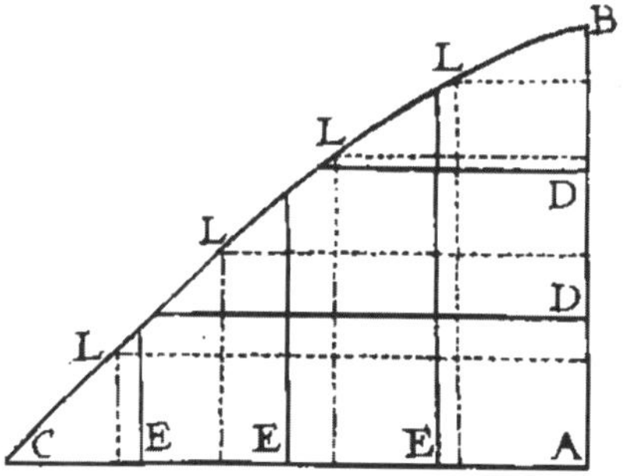

La trilínea de Pascal.

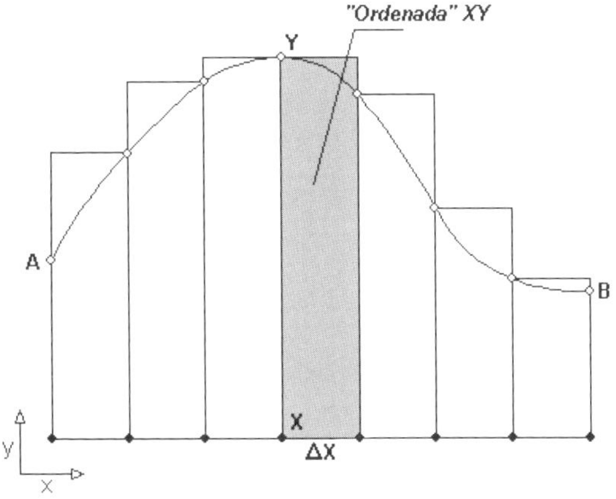

Ordenadas de Pascal sobre una curva *AB*.

más al área de la curva cuanto más pequeñas sean las porciones ΔX, es decir, *DD* o *EE* de su figura original. Pascal añade que las áreas de los rectángulos $XY \cdot \Delta X$ no son, en el fondo, muy distintas a las de los polígonos inscritos y circunscritos utilizados por los matemáticos de la Edad Antigua.

Cuando Pascal hace uso del concepto de *arco CD*, está considerando la longitud correspondiente del arco *CD* de una línea, multiplicada por una parte ΔX de su eje, es decir, una superficie, un área. Y como ocurría con las ordenadas, los arcos adyacentes también pueden sumarse.

Sin dejar la trilínea, nos define otro concepto, el *seno*: *sean ahora trazadas desde los puntos L las perpendiculares a la base; ellas se llamarán los senos sobre la base. Sean finalmente trazadas desde los mismos puntos L las perpendiculares al eje; ellas se llamarán los senos sobre el eje.*

Pascal advierte que, *la trilínea es una figura plana y que la curva es tal que tanto los senos como las ordenadas no la encuentran nada más que en un punto. Y las porciones* tomadas *de eje, de la*

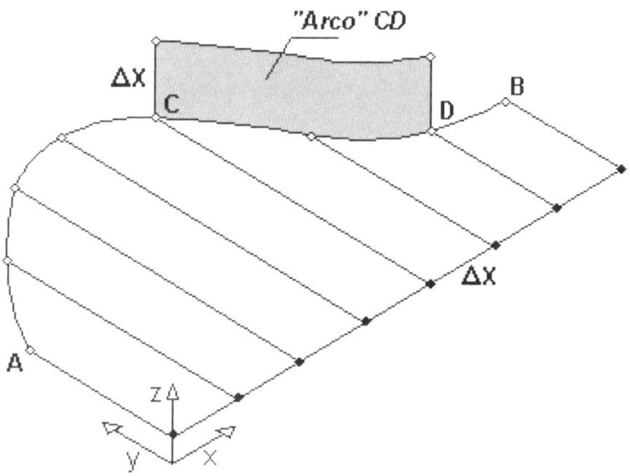

Para Pascal, un arco sobre *AB* es una superficie.

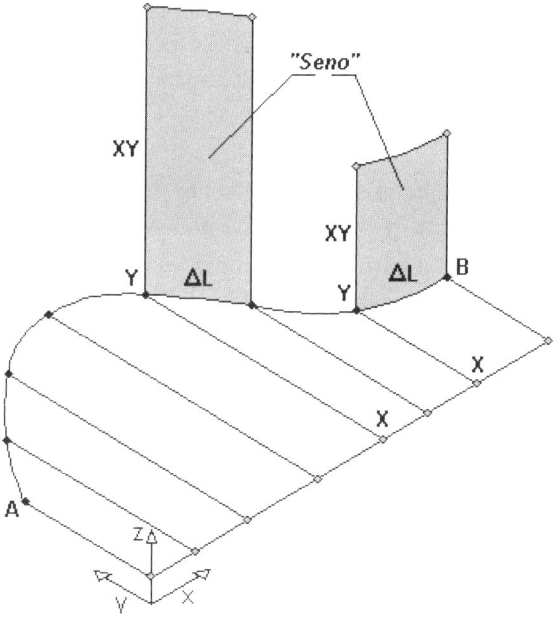

El seno para Pascal.

base y de la curva son todas iguales tanto entre ellas como las unas con las otras, es decir, son iguales los segmentos *DD*, los *EE* y los *LL*, entre ellos y los unos con los otros.

Como los *senos* dividen regularmente la curva, volviendo a la convención de Pascal, el concepto *seno* indica la multiplicación de la longitud del segmento por la longitud del elemento de arco de curva, $XY \cdot \Delta L$. Entonces, el *seno* puede representarse por una superficie perpendicular a la *trilínea* que se apoya sobre el elemento del arco de curva ΔL y que tiene por altura la longitud del segmento correspondiente, *XY*. Ahora, la suma de todos los *senos*, $\Sigma(XY \cdot \Delta L)$, correspondientes a una curva dada, da lugar a una superficie cilíndrica.

Para el cálculo de volúmenes de sólidos engendrados por la rotación de *trilíneas*, es decir, por la rotación de superficies, Pascal introduce otro elemento en sus investigaciones, el *onglete* sobre la trilínea: *sean ahora las perpendiculares elevadas sobre el plano de todos los puntos de la trilínea, las cuales forman un sólido prismático infinito, que tendrá la trilínea por base, el cual sea cortado por un plano inclinado que pase por el eje o por la base de la trilínea.* La porción de este sólido prismático *limitado por el plano se llamará onglete*. Pascal da una inclinación de 45° al plano *ACZ* que forma el onglete.

Es posible definir dos ongletes. Uno referido al eje y otro referido a la base, según que el plano inclinado contenga al eje o a la base, respectivamente.

Por último, tomaremos de Pascal otra definición, el *doble onglete*: *si se hace por debajo de la trilínea lo que acabo de indicar por encima, es decir que las perpendiculares de todos los puntos de la trilínea sean prolongados por la otra parte, y cortados por otro plano igualmente inclinado de la otra parte, se formará por debajo del plano de la trilínea otro onglete, igual y semejante al de encima y el conjunto de los dos se llamará doble onglete.* Las rectas *AK* y *AK'* son perpendiculares.

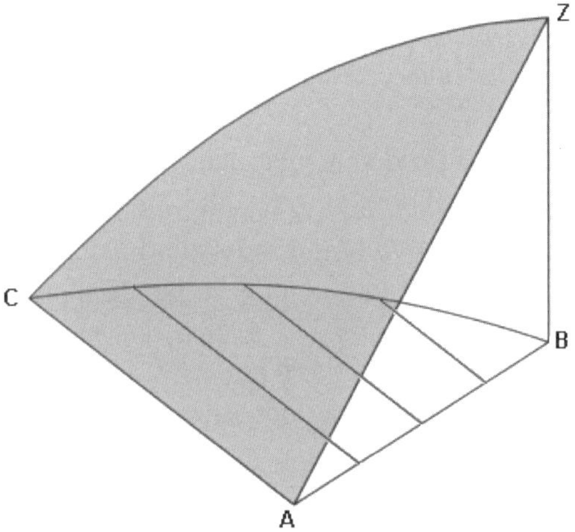

El onglete definido por Pascal.

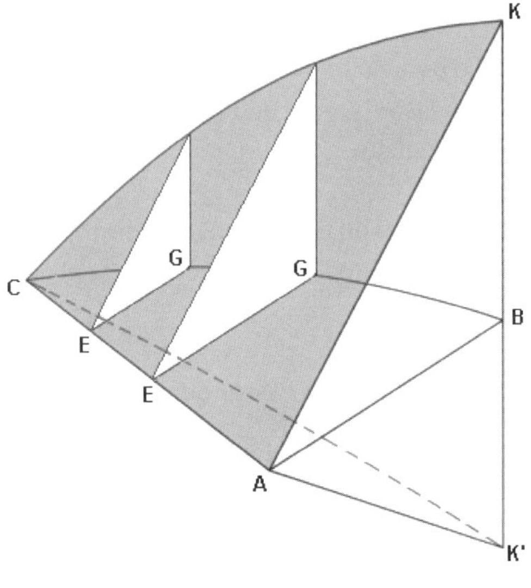

El doble onglete de Pascal.

Pascal construye el *doble onglete* simplemente aplicando al primer *onglete* una simetría especular respecto del plano que contiene la *trilínea*, *ABC.*

En su obra *Historia trochoidis* (*Historia de la ruleta*) que es donde Pascal define todos los conceptos anteriores, nos habla también de las relaciones existentes entre el *doble onglete* y el semisólido engendrado por la *trilínea* al girar alrededor de su eje.

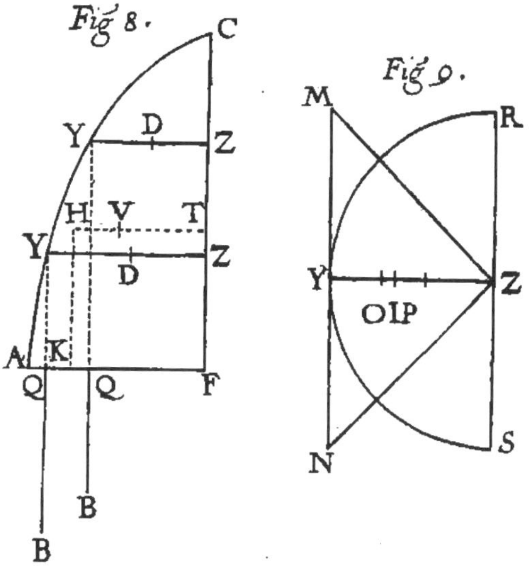

Figura 8: Trilínea que con su giro alrededor del eje CF engendra un semisólido.
Figura 9: Secciones RYS del semisólido y ZMN del doble onglete por un plano perpendicular al eje de giro CF.

Definitivamente, Pascal llega a la construcción de un sólido de rotación a partir de la trilínea y, como consecuencia, a la posibilidad de calcular su volumen basándose en la teoría de los ongletes. En este sentido, la figura 9 de su obra original no es más que la sección por uno plano perpendicular al eje de rotación de dos sólidos

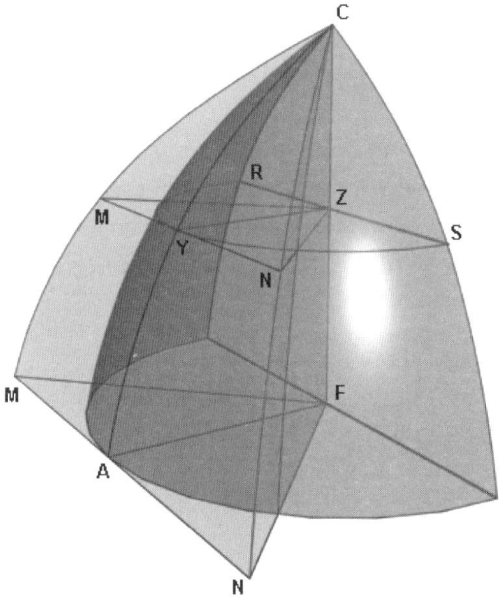

Doble onglete encajado con el semisólido.

encajados el uno en el otro: el primero, al que llama semisólido, generado por la rotación de una trilínea, la semicircunferencia *RYS*, y el segundo un doble onglete, el triángulo rectángulo isósceles, *ZMN*.

Y finalizaremos con las siguientes siete conclusiones que Pascal demuestra sobre la base de las definiciones que había establecido. Véanse las figuras 8 y 9 originales de Pascal.

- *El doble onglete es al semisólido como el radio es al cuarto de la circunferencia.*
- *Los centros de gravedad tanto del doble onglete como del semisólido estarán sobre el plano de la trilínea.*
- *Estos dos centros de gravedad del doble onglete y del semisólido, e incluso el del sólido entero alrededor del eje, están todos igual distantes de la base.*

- *La distancia entre el centro de gravedad del doble onglete y el eje de rotación es a la distancia entre el centro de gravedad del semisólido y dicho eje, como el cuarto de la circunferencia de un círculo es a su radio.*
- *La superficie curva del doble onglete es a la superficie del semisólido como el radio es al cuarto de la semicircunferencia.*
- *El centro de gravedad de la superficie curva del doble onglete, y el centro de gravedad de la superficie del semisólido, y también el de la superficie del sólido entero alrededor del eje, están todos sobre el plano de la trilínea, y todos igualmente distantes de la base AF.*
- *Considerando el punto H centro de gravedad de la superficie curva del doble onglete, y considerando el punto V centro de gravedad de la superficie del semisólido, el brazo HT será al brazo VT como el cuarto de la circunferencia es al radio.*

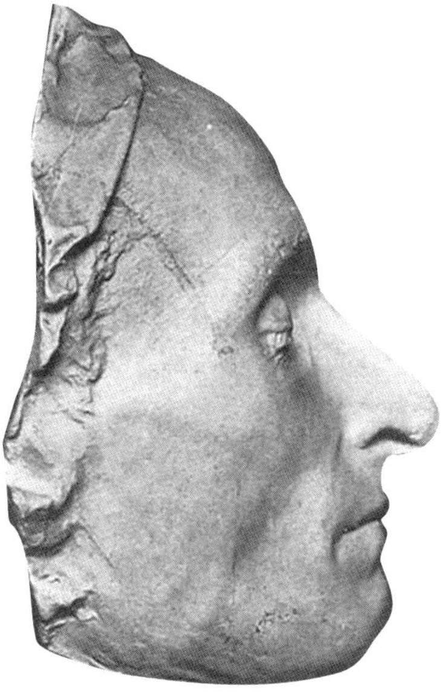

Máscara mortuoria de Pascal
encargada por su hermana Gilberte.

Y terminamos con estas reflexiones filosóficas sobre el infinito. Pascal en su opúsculo *Sur la conversion du pécheur* (*Sobre la conversión del pecador*), nos explica que la consideración de los infinitos permite al hombre verse *colocado entre la infinitud y la nada [...] y así estimarse en su justo precio y formar reflexiones que valen más que todo el resto de la geometría misma*, es decir, tomar conciencia de los infinitos nos enseña la humildad, lo que puede ser útil para la conversión. La consideración del infinito también está relacionada con su triángulo aritmético: *[...] La naturaleza se imita, los números imitan el espacio aunque son de naturaleza tan diferente. Todo está hecho y conducido por un mismo maestro.*

Bibliografía

Attali, Jacques, *Blaise Pascal ou le génie français*, Fayard, Le livre de poche, 2000.

Centre International de synthèse, *L'œuvre scientifique de Pascal*, PUF, 1964.

Chevaillier, J. R. y Audiat, P., *Les textes français, XVIIe siècle*, Librairie Hachette, París, 1927.

Descotes, Dominique, *Pascal, le calcul et la théologie*, Les Génies de la Science, Publicación *Pour la Science*, París, 2003.

Duby, Georges, *Histoire de la France*, Larousse, París, 1986.

García Merayo, Félix, *Pascal: el científico, el filósofo, el teólogo*, ACTA, Manual Formativo, nº 39, 2006.

Gouhier, Henri y Lafuma, Louis, *Pascal, Œuvres complètes*, Éditions du Seuil, París, 1963.

Jáuregui, Ana, *Pascal*, Editorial Labor, S. A., Colección *Grandes Personajes*, Barcelona, 1990.

Pascal, Blaise, *Pensamientos* (ed. y traducción de Mario Parajón), Cátedra, Letras Universales, Madrid, 1998.

Villar Ezcurra, Alicia, *Pascal: ciencia y creencia*, Ediciones Pedagógicas, Madrid, 2002.